仅此一生

人生哲学八讲

何怀宏 著

GUANGXI NORMAL UNIVERSITY PRESS
广西师范大学出版社
·桂林·

仅此一生：人生哲学八讲
JINCIYISHENG：RENSHENG ZHEXUE BA JIANG

责任编辑：凌金良
　　　　　陈显英
助理编辑：何星辉
责任技编：王增元
装帧设计：赵　瑾

图书在版编目（CIP）数据

仅此一生：人生哲学八讲 / 何怀宏著. —桂林：广西师范大学出版社，2021.3（2025.5 重印）
ISBN 978-7-5598-3580-2

Ⅰ. ①仅… Ⅱ. ①何… Ⅲ. ①人生哲学－通俗读物
Ⅳ. ①B821-49

中国版本图书馆 CIP 数据核字（2021）第 009449 号

广西师范大学出版社出版发行
（广西桂林市五里店路 9 号　邮政编码：541004
网址：http://www.bbtpress.com）
出版人：黄轩庄
全国新华书店经销
北京博海升彩色印刷有限公司印刷
（北京市通州区中关村科技园通州园金桥科技产业基地环宇路 6 号
邮政编码：100076）
开本：787 mm × 1 092 mm　1/32
印张：8.875　　字数：150 千字
2021 年 3 月第 1 版　　2025 年 5 月第 9 次印刷
定价：49.80 元

目 / 录

第一章

何谓人生哲学

人生哲学就是以人为中心，思考人活着的意义的哲学，思考人应该如何良好地生活，如何有意义地度过自己一生的哲学。

1. 从人的一些基本事实开始

今天的阅读处在一个多媒体和“短平快”的时代。有一天，我在课堂上特意问同学：“你们读完的最大最厚的书是什么？”有一个同学说他读完了托尔斯泰的《战争与和平》，另一个同学说他读完了司马光的《资治通鉴》，还有一个同学说她读完了英文版的《亚里士多德全集》。

最后这位女同学是在美国圣约翰学院读的这套书。这所文理学院主张直接阅读原典。学生们学习文学，就从阅读《荷马史诗》和古希腊悲剧开始；学习数学，就从阅读欧几里得的《几何原本》开始；学习自然科学，就从读亚里士多德的《物理学》《动物学》开始。学生们还会每次花几个小时细细观察和记录一棵树的变化，或者是树上某一种虫子的活动。他们也有许多讨论，但不许引用二手研究资料，都是围绕所阅读的经典和直接的观察、思考来展开对话。

这所文理学院按照历史顺序严格专学原典的教学方式在

美国也是比较特殊的，却有它的存在意义和社会需求。当然，选择适合自己的学校，还要看自己的才情所近和所欲所求。而且，这种原典的学习要深入有效，除了要靠自己的专注和悟性，还有赖身边老师和周围同学的素质。

我引用这个例子是想说明，有时我们需要努力去观察事物和人的本来面目，就不妨用人最初的眼光去看看这个世界和我们自己。现在的教科书或二手研究的新著当然更好进入，知识梳理得更有条理，并加入了一些经过修正的知识和新知。但是，阅读原初的经典也是一种途径，虽然可能不是适合大多数人的途径，却是可以让一些人通过像人类的第一眼那样直面事物而了解一种本原的思维方式。

如果我们对人生哲学感兴趣，甚至有些关于本体的问题已经进入了我们的心里，有时也不妨放下具体的功课，跳出日常的纷纭世事，来尝试察看有关人的一些基本事实。

人是碳基生物，是灵长类动物。人生活在地球的自然环境中，他的身体条件目前看来也只能是“裸身”在地球上生活。人结成各种群体和政治社会。尤其是随着近代地理大发现和工业革命之后的全球化，全人类的命运连为一体，其俨然生活在一个“地球村”。人有肉身，能行动，也有意识活动和语言文字，并创造出越来越多功能强大的技术工具，形成了农业文明、工业文明和正在迅速发展的高科技文明。人们有各种各样的价值追求，或者自己所认为的“好的生活”

的观念。人也有基本的道德感和同情心，或者说能够进行道德评价。所有人都共享着共同的人性，但也分别具有差异的个性，加上一生不同的境遇，也就有了不同的生活和命运。最后，无论什么人，无论是实现了还是没有实现自己的“好的生活”的人，无论是成功者还是失败者，所有人都会死去。人的寿命的确在近一百年有较大的增长，平均寿命从一百多年前的四五十岁达到了现在的七八十岁。但无论再怎么延长生命，人还是不免一死。

这大概就是我认为的有关人的基本事实或者说最大略的“本来面目”。人们也可以尝试别的对人的基本事实的概括。但无论怎样概括，总归还会有许多“面目不清”的地方和无数的细节，还有涉及人的最深本质的东西，我们还弄不清楚或无法在这里说清楚。重要的是，我们最好不要忘记联系有关人的基本事实来讨论人类或个人追求的可欲和可行。

而且，无论怎样概括，一个共同的、关键的事实就是，人都是有死的。《未来简史》的作者赫拉利认为，人类在基本消除瘟疫、饥荒乃至战争之后，在人工智能、纳米技术、基因和脑机工程等高科技的帮助下，就可以追求永远不死、持久快乐和成为神人了。但追求是追求，人类能够期望的可能至多还是更长地延续人的肉体生命，而不可能达到永生不死。并且，这些高科技的发展还隐含着可能更早地结束人类存在的风险——至少是结束作为碳基生物的存在，而硅基生物还是不是“人”就真的很难说了。我们至少清楚，今天这样肉身的人还是终究要有一死，甚至人生也就是在这有限的生命中才真正能够具有意义。

那么，其他生物，所有动物不也都是有死的吗？人和其他动物有何不同？法国思想家帕斯卡尔认为，的确，人和其他动物都是有死的，人甚至常常比有些动物更脆弱，更容易致死，一口气喘不上来、一滴水没喝着就可能致其于死地了。但人和宇宙中的其他生物不一样，人比它们高贵的地方就在于：人还能够知道自己有死。人是一棵能思想的芦苇。所以人要努力追求无限和不朽。这就是人既悲惨又伟大的含义。

与其他同样有死的动物相比，人最特别和优越的地方在于自我意识，人能有意识地计划自己的一生乃至追求某种永恒。如亚里士多德所言，人是有死的存在，但会努力追求不朽，追索和尽量实现自己生命的意义。对何为“不朽”自然会有许多不同的看法，中国古代的先贤谈到过“立德、立言和立功”的“三不朽”，胡适谈到过繁衍和关爱后代的“不朽”，许多宗教的信仰者则会渴望天堂和灵魂的“不朽”。而人生哲学就可以说是一种“向死而生”的自我意识和理论，就是对人生从一般的善好到至善的种种意义的探求。也许补充上这种对不朽意义的追求，才是完整的人的“本来面目”。

2. 人生哲学是在思考什么问题

广义的人生哲学是哲学的一个重要分支，甚至可以说至少占据“半壁江山”。今天中国大学的哲学二级学科的分类往往是逻辑学、伦理学、美学，还有中国哲学史、西方哲学史、马克思主义哲学等。但看来前者才是实质内容的分类。如果追溯历史上的哲学划分，从亚里士多德到斯多葛派、普鲁塔克、黑格尔等都有说法不尽相同的分类。

我们现在可以考虑做一种综合和折中，主要从研究对象来分类，哲学或可分为三大类：一类是以外部世界为主要研究对象的自然哲学，一类是以人为主要研究对象的人的哲学，还有就是研究这些对象的方法论，如逻辑学、认识论或辩证法。我们可以考虑前面两大类的特点：自然哲学可能更多地倾向于静观、思考和解释我们所处的外在世界的来源、要素、构成和本质等，它不怎么考虑如何具体地改变这世界，那些问题由自然科学和技术去考虑。但是，人生哲学则会联系重大的实践问题进行思考，考虑如何安排个人的生活，如何安排我们的社会才算良好的生活和社会，等等。所以，前者更多的是一种理论哲学，是一种世界的本体论和认识论，而人生哲学的重心也可以说是一种实践哲学。

人们从事哲学是为了追求什么？也许我们可以说哲学是求真的。过去的哲学家往往会直接说哲学就是追求真理甚至自己占有真理，而现在的哲学家则可能会比较谦虚低调地说，哲学至少是追求某种确定性的，即我们要思考和探求在求真的过程中，究竟有些什么确实可靠的东西可以依凭。

人生哲学当然也是要“求真”的，但是，我们或许还可以补充说，它还是“求正”或“求好”的。尤其现代伦理学，它更重要的是“求正”，即要考虑什么是善恶正邪的标准、这种标准的根据何在，社会制度的安排如何才算正义，个人需要承担什么样的义务、怎样的行为才算正当，等等。

人生哲学与伦理学是什么关系？它们是一样的吗？它们至少有很大部分的重合。它们都是思考人的实践活动的。传统的伦理学甚至可以说几乎是与人生哲学等同的，我们甚至可以将人生哲学称作伦理学。传统伦理学思考什么是各种善好，什么是至善，什么样的人生价值值得追求，人应该如何生活才算是良善的生活；也思考为了实现这类人生价值或善好，什么是个人需要具备的德性、如何培养这些德性等。他们的探讨是希望自己的价值观成为社会的主流价值观，而有的人生哲学也真的实现了这一目的。

但是，进入平等的现代社会之后，“道为天下裂”或者说“善为天下裂”，各人追求不同的善好生活被认为是合理乃至正当的。而人的追求是有许多差异的，于是平等带来了价值多元。这样，现代伦理学探讨的中心问题就从人们应该如何生活转为人们应当如何行动，即对人们行为规范及其理据的研究。它探讨哪些行为规范或者义务能够被合理地证明，亦即在价值多元的情况下，对现代社会的道德原则规范就更加提高了对“举证”的要求，这种“举证”不能再依赖于上帝、权威、常识，而是必须经过理性的论证。所以，从方法论上，我们又可以说现代伦理学是要努力“求证”的。

这样，由于实证理性的要求，原来自然哲学的本体论或形而上学在相当程度上就退出了哲学研究的范围。而人生实践哲学的价值论或者说善论也在相当程度上退出了规范伦理学的研究范围，因为价值的选择，或者说良好生活方式的选择，在很大程度上将交由个人在一个合理的范围内自己去选择而不再追求一致。

哲学家自然还是可以讨论人生价值，但大多是作为一种推荐，而不能也无须像行为规范那样作为一些社会赖以维系的普遍共识去严格论证。因此，今天狭义的人生哲学——以讨论个人如何生活为中心问题的人生哲学，已不再是伦理学研究的中心，甚至可以说和现代伦理学相对脱钩了。相反，探讨政治的基本价值和正义规范的政治哲学，因为它们的规范是涉及所有人的生活和行为的，需要凝聚某种共识，乃至需要某种强制力，就反而可以说是与伦理学更接近了，甚至可以直接纳入现代伦理学的范畴。

今天我们如果说哲学就是关于真理的汇聚，或者说是有关自然、人类社会各种知识的客观普遍规律的总结，就可能显得太骄傲了。但如果说“哲学”就是“爱智慧”，这倒是一个永不过时的定义。而“哲学”在希腊文中的原意也就是“爱智慧”，哲学家是“爱智者”，而不是“智者”。他们并不占有智慧或真理，而是热爱智慧和真理，努力地探求它们。

哲学家所热爱的智慧并不是小聪明，而是大智慧，即有关世界和人生的根本问题的智慧。哲学不是“抖机灵”。如果抱着一种学了哲学可以在辩论中求胜的动机来学习哲学，那就找错了地方。大智慧也不关乎直接的应用，它不会去致力解决具体的问题。但正因为其“大”，也往往能够对解决各种具体问题起提纲挈领的作用，尤其是作为一种恰当的思考和反省方式的作用。

机智固然有用，但哲学的智慧可以说是有些迟缓和滞后性的，尤其在人生哲学和政治哲学中，它只有在人们的实践活动比较充分地展现之后才能看得比较清楚，才能做出某些反思性的总结。所以黑格尔说：“哲学的猫头鹰在黄昏才起飞。”哲学家的思考也往往要到年龄较大的时候才能结出丰硕的成果。虽然有些成果最后还是会和常识吻合，但那是经过千辛万苦才得到的，或更确切地说，是通过长期的思考和体验才得到印证的。而这种迟缓能够从它所起到的长久作用中得到补偿。个人一旦获得恰当的人生观和世界观，将可能对他的终身都起作用，尤其是在大的人生决策方面起作用。

需要交代的是，本书所谈到的人生哲学也是范围有限的，它作为一种现代人的人生哲学，不多涉规范的论证和制度正义的探求，而主要是一种个人生活的探寻，且是一种推荐或建议，并不想成为人们生活的普遍的指南针。

简略地说，人生哲学就是对人生的系统思考，尤其是一种反省式的系统思考。“人生观”可以说人人都有，即人人都有自己对人生的看法，“人生哲学”却不一定人人都有，许多人没有系统和一般地思考过人生，也不一定系统地思考过自己度过或将要度过的一生。人生哲学就是以人为中心，思考人活着的意义的哲学，思考人应该如何良好地生活，如何有意义地度过自己一生的哲学。

哲学都是研究大问题的，诸如世界的来源、本质等。人生哲学也就是研究人生的大问题的，诸如人性的本质、人生的根本意义等。但问题又来了，这些大问题往往是无定解的，或者说没有唯一的解释。然而，我们如果用心学习和思考这些大问题，似乎又还是会比以前多明白一些东西。

谈到其他科学，我们会不断得出各种公理、结论；谈到人生哲学，我们却会不断提问。我们也会尝试给出一些可能的答案，但往往不止一个答案，并且对这些答案还会继续提问。我们正是在这种反复提问和辩难中不断提高。当你自己对这些问题和答案开始提问时，尤其是能提出一个很好的问题的时候，就说明你已经不简单了，你的头脑已经开始复杂起来，你的思维已经开始活跃起来，你将开始自己的反思。而反思也的确是需要前人留下的思想资源的，“学而不思则罔，思而不学则殆”，如果仅仅凭空思索，大概是走不远的。反过来，如果只是学习知识而没有自己的独立思考，也会陷入迷惘。

3.“未经反省的人生不值得活”

现在有一个重要的问题就是哲学思考与生活本身的关系。我们知道，古希腊哲学家苏格拉底有一句名言：“未经反省的人生不值得活。”是不是真的这样呢?

我们先来仔细分析这句话。“反省”是指思考，而且常常是一种带有批判性的思考，至少是从各个方面来反复考量和深入思索。“反省”的主体是人，是人类个体。他“反省”什么呢? 反省“生活”，这“生活”就是一连串的行为和活动，也包括一个人脑子里的意识活动，例如一个行动之前的动机和原因、行动者提出的理由、行动之后的后果评价等。人当下的主观意识活动不是很系统，它是很直接的。而“反省”的意识则是全面、充分地对一个人的行为、言论和思绪，以及他遇到的一切进行系统思考，乃至把一个人的特殊境遇和人类的普遍状况联系起来，这也就是一种“人生哲学”了。我们说过人生观人人都有，但它们常常雷同，也缺乏明确的自觉性，常常不能连贯一致；而这种系统的、带有批判性的思考却不是人人都有的，而且能够形成相当固定和连贯一致的理论学说，也常常表现出特异的风格，从而形成不同的思想流派。在苏格拉底看来，“不值得”活的人生正是缺乏这种系统和总体的批判性思考的人生。

而“不值得”，这里引入了“价值判断”。它不影响事实，即便是被判为“不值得活”的“人生”事实上也还是“活”着。“不值得活”并不是“不让人活”。快乐的人在活着，不快乐的人也在活着。被人艳羡的人在活着，被人瞧不起的人也在活着。老是在思索的人在活着，从来不深想什么的人也在活着。

余华有一本小说就叫《活着》，哪怕其中的主人公活得很艰难，最后甚至所有亲人都悲惨地死去，只剩下他和一头行将死去的老牛说说话，他也还是活着，非常顽强甚至颇有些达观地活着。“活着”，仅仅顽强地“活下去”也有一种意义，甚至是重大的意义。特别是在困境中，它是一种人生的坚持，甚至还是一种勇敢。这个时候可能就不应太敏感，不能深想和多想，乃至看上去有点“麻木”。比如一个九十岁的老人，她靠拾垃圾养活自己与生病的老伴，还有一个六十多岁智力有缺陷的儿子，她就靠一个简单的信念活着：“他们还在，我怎么敢死？”还有人反而在老年活出了精彩，例如《平如美棠》的作者饶平如，他一生坎坷，妻子死后他八十岁才学画画，创作出许多精美的图画和感人的回忆文字，吸引了众多读者，包括年轻的读者。他的书翻译到国外也引起许多共鸣。

所以，我们应当向高寿的人们致敬，尤其是经历了许多艰难困苦的人，以及那些还滋润着其他生命的人。他们也许没有系统和抽象地反省自己的生活和一般的人生，却依靠一些简单的信念，或者只是依靠一颗淳朴的心，就将生活过得让人敬重。我们赞美反思的善，也赞美淳朴的心。

我们还能注意到，有时候，“反省”可能会给一个本来活得平静、活得快乐的人带来不安、犹豫，带来焦虑、痛苦，甚至带来绝望。即便是那些“反省”自己生活的人，也最好不要始终陷入一种深度批判性的“反省”。就像另一位哲学学者所说的：“是，未经反省的人生不值得活，但过度反省的人生也没办法活。”于是，就连以赛亚·伯林这位对深刻反省人生的俄罗斯思想与文学深有体会的学者也说：“我经常生活在表层。”

所以，我们不难理解，有一些人，甚至有许多可能一辈子也没有对自己的人生进行过系统的带有批判性思考的人，他们还是活着，高寿地活着，甚至是一生有滋有味地活着。他们听到苏格拉底的这句话甚至会斥之为“神经病”，会说：“我们不是好好地活着吗？我才不愿过你那样一种反省的生活。”情况也常常的确如此。

但是，苏格拉底的话也许可以理解为主要是对整个人类说的，尤其是对其中的哲学家说的。而且，他是在这样一种背景下说的，即人们都在纷纷追求财富和权力，却不反省这些价值是否值得我们一生倾尽全力。他试图以尖锐的语气说出反思的意义，以期引起人们的注意和重视。

也就是说，从人类的观点来看，如果整个人类中都没有人对人生进行过这样的反省，那人类是不是就像其他动物那样活着？或者说比它们好点，人类还有即时的意识。但是，如果没有将尽可能广泛的个体和群体的人生智慧总结起来的深入、系统和连贯的“反省”，或者说从来没有形成过任何人生哲学，那么，人类自诩高于动物的特殊性或者优越性体现在哪里呢？如果人类中从来没有人反省过人生，对于整个人类来说，这样的人生是不是的确不值得活呢？甚至我们可以问：那还叫“人生”吗？

特别是对于那些从事哲学工作，尤其是从事人生哲学、伦理学研究的人来说，如果他从来没有反省过人生，包括自己的人生，那么，我们是不是也可以说，这些哲学家的人生也不怎么值得活呢？或者说，他的哲学不叫哲学，这份工作对他来说仅仅是一个饭碗。他如果还有其他才能，可能还不如改行呢。

那么，一个对哲学不感兴趣的人在自己整个一生中是不是也可以有时进行这样的反省呢？经常性地对人生的系统反省思考可能的确只需哲学家或具有哲学兴趣和素质的人来做，但一个人是否仍然可以对他自己的一生偶尔做一些反复衡量各种价值的系统思考呢？如果完全没有进行过这样的思考，他的一生是不是还是会有一些遗憾呢？

但我并不认为哲学家或思想者的反省就一定能帮助人认识真理。相反，有时还可能导致错误的、违反常识的认识，有时“大彻大悟”反而是进入了另一种蒙蔽。“众人皆醉我独醒”是少有的时刻。所以，我们对“反省”还可以进行“再反省”，哪怕这种“再反省”是回到常识，甚至回到“反省”之前的状态。本书中也多含有对哲学家自身的批评和反省。

无论如何，各种各样的“反省”，尤其是仅仅作为思想的反省，作为“反省”的“反省”——而不是那种与权力结合、对社会强行的“反省”，甚至只是针对他人的高调思想理论——还是大大地丰富了我们的人生，丰富了这世界。

4. 反省的意义

哲学的“反省”不仅可以帮助一个人修正自己的错误，调整自己的价值目标，还能够帮助他从根本上发现和自觉到自己生活的意义。前面所说没有系统反省过人生的人，很难说他们的生活就没有意义、没有价值，他们在自己的一生中可能成功过，也失败过，他们可能为社会和家庭做出了足够的贡献，他们只是没有系统地想过自己生活的意义，没有很明确和自觉地追求这种意义，或者事后通过反思明确地意识到这种意义。但他们的一生还是有意义的，当然在某些方面可能显得有点浑浑噩噩而有些遗憾，他们的人生经验和教训也不容易传播和传承。

反思，还尤其表现在对那些愿意甚至已经自觉地进入了人生的哲学思考的人具有意义。而一个人大概在其生命的两端——少年与老年的时候最容易进入这种思考。少年在面对即将在他面前展开的全部人生时容易产生向往和疑问，他容易一般地考虑，我究竟要追求怎样的一生。而老年人在面对快要来临的死亡时则容易回顾自己的一生，考虑自己的一生是否过得值得。

这里我想到了美国一位著名的哲学家，哈佛大学教授诺齐克（Nozick，1938—2002）。他在十五六岁的时候，偶然读到并迷上了柏拉图的《理想国》，那时他在纽约布鲁克林的街道上也会带着这本书，而且让这本书的封面朝外。这当然不同于人们说的那种在地铁里拿着一本康德的《纯粹理性批判》或普鲁斯特的《追忆逝水年华》假装在读的"耍酷"——虽然我要说即便这是"耍酷"，也比炫耀名牌货的"耍酷"好点，因为这"耍酷"者说不定哪天就当真了呢——诺齐克是认真读了这本书的，虽然还不全懂，却被深深吸引，感觉内容十分美妙。他说他拿着这本书的动机是，他那时候多么希望遇到一位老者对他说些什么——虽然他并不知道老者对他会说或应该说些什么，但思想的种子在他心里埋下了。他后来在哥伦比亚大学受哲学教授摩根贝沙的吸引，听了其全部课程，以至于他说他在大学是"主修摩根贝沙"的，这时他也认识到自己有巨大的思想潜力，这才决定了终生以哲学为业。三十岁左右，他就成为哈佛大学的正教授，也写下了《无政府、国家与乌托邦》这样的政治哲学名著。这本书的价值用美国另一位著名哲学家——写过《你的第一本哲学书》的作者内格尔的话说是：几十年之后，我们写的书大概都要过时了，但这本书和罗尔斯的《正义论》，一定还会被人阅读。

诺齐克还写过一本书，书名就叫《反省的人生》。他在其中谈到，苏格拉底“未经反省的人生不值得活”的说法也许有些苛刻，但是，对人生的反省虽然可能不会助人成功，给人以一种冲过终点的感觉，却能让人成熟、让生活充实，还很有可能产生一种定向或调整的作用。这种反省，就像自己创作一幅自画像，而不是自拍一幅“快照”。自画一幅油画像不可能在短时间内完成，它需要不断审视，不断修改，最后它不仅成为一个艺术品，还成为一种自己对自己的深刻认识。它不仅让作者清晰地看到自己，也让其他观察者得益。比如我们今天看晚年伦勃朗的自画像，他凝视着我们，我们也凝视着他，我们能想象他在画这幅画的时候也长久地凝视着自己。我们从他的自画像中可以感受到岁月的沧桑、生命的丰富与复杂，乃至灵魂的悸动。

有一种反省甚至可能带来大彻大悟：一个人自觉到了人生的某种意义，甚至创造了一种意义，因此或许将人类的精神也托举到了一个新的高度，或者打开了一个新的面向。有思考力也有创造力的人不仅改变自己的生活，还留下他的精神和思想深远地影响着世界。比如贵为王子、经历过生活中各种荣华富贵的释迦牟尼，他在几次旅行中，看见了一个老人，一个病人，一具尸体，人的“生老病死”使他突然悟到人生的许多现象是虚幻的，他要去寻找人生的真谛。他离开了王宫，最后建立了一整套佛教的信念和思考方式。

还有像托尔斯泰在“阿尔扎马斯之夜”的反省。他家庭富有美满，地位高贵，他自己已经取得了举世瞩目的文学成就和名声，但在那个夜晚，他的内心突然生发了一种深深的怀疑乃至恐惧，他不觉得这些被人艳羡的一切具有真正的意义。他后来的生活也发生了巨大的转折，他开始试图过一种简朴的生活，乃至想将财产分发出去，并建立起一种“天国在你心中”的信仰理论。

但是，对于更多的人来说，这种反省可能并不能改变他人和社会，甚至表面上连自己的生活似乎也改变不多，主要只是改变了自己的内心。然而，这生活却和以前的生活不完全一样了。它被赋予了更多的意义，或者说有一种新的意义被发现了。1994 年，诺齐克被诊断出胃癌，医生说他也许只剩下半年的时间。他说：“我五十五岁的寿命，已较人类历史上大部分的人长命了……在我余生中，我没有任何强烈渴求去改变我的生活。我没有心怀跑去大溪地的秘密欲望，或想变成一个剧院歌星，又或想成为一个赛车手或院长。我只想一如以往地爱护我的妻子和孩子，和他们玩乐，以及一样做我平日做的事情：思考、教学和写作。”他继续工作，不断开出新课，直到他去世前最后一个学期，他还想上一门有关陀思妥耶夫斯基的新课。他是在和时间赛跑，向死亡挑战，直到最后坦然赴死。

总之，我们许多人的反省一般并不导致建立一种哲学、一种宗教，也不导致英雄般的壮举，但是，它对我们的人生还是富有意义。反思也就是寻求和确认生命的意义。

然而，也许还有人会说，生命是没有任何意义的。

在莎士比亚的戏剧《麦克白》中，主人公在谋杀国王篡权之后，一方面处在内心残存良知的折磨中，另一方面遇到强大势力对他的讨伐，最后他说出了如下的话：

> 人生不过是一个行走的影子，
> 一个在舞台上指手画脚的戏子，
> 登场片刻，就在无声无息中悄然退下。
> 人生是愚人所讲的故事，
> 充满喧哗和骚动，
> 却找不到一点意义。

麦克白在这里也许只是以一般的言辞表达了他个人的感情。他本来是不择手段、不惜谋杀国王来追求最大权力的，但是，他在杀人之后感到了这权力目标的虚幻和内心的空洞，于是觉得整个生活都没有了意义。

也有许多深刻反思过的哲学家持类似的观点。比如萨特在《存在与虚无》中就认为，世界是荒谬的，没有任何规律或本质可言，人的所有本质特性都完全是自己造成的，但“人是一堆无用的感情”。虽然这并不影响他尽量去享受他在生活中的斗争和快乐，但从根本上说，他认为人的一切努力都是徒劳的。还有不少思想者认为，人生的意义也许仅在生活本身，在生活的过程之中，人生没有什么客观的普遍的意义。

也许，的确没有什么终极的、对所有人都适用的、人人都会努力追求的普遍价值目标。或者说，对这种终极目标达不成共识。但是，人还是可以在各种善的目标和德性中寻找到意义，感觉到实现这些目标、拥有这些德性是值得的，能够让自己的人生富有意义。

人们通过生活本身，也通过哲学的思考和反省努力地寻找生命的意义。也许他最后还是没有找到，或者不敢完全确认。但是，这种内心的追求经历了就是经历了，这种反省还是可能将自己的人生托举到一个新的高度，甚至是自己一生的巅峰。即便一个再普通的人，也能由此改变自己的生活，即便他的生活基本照旧，他的心境也可能发生了改变、得到了提升。

我并不主张许多人以哲学为职业，甚至打消过一些想以哲学为终身职业的学子的念头。但我认为，所有好学深思的少年，如果能够以提升人生的修养为目标来读一些哲学书，来思考一些哲学问题，对他是有好处的。这种好处不会马上见效，但能够像清泉一样慢慢渗透和滋润他的一生，使他终身受益，使他成为一个完整的人、自觉的人。

我们为什么对许多并不重要的事情那么重视，比如成绩下降了一点，谁今天没有理我，而对生死、对生命的意义这样的重大问题却不予重视呢？哪怕我们以前从来没有思考过这样的问题，那么今天，为了对得起自己，大概也应该思考一下。这种人生哲学的探索非常抽象和根本，并且还常常涉及死亡，于是它不能不是孤独的，甚至暗含恐惧的。所以，我们还应当看看别人的思考与反省，了解一下一般的理论。

反思的方法和具体进入的途径有许多种，比如写日记和回忆，或者写下一些不知什么体裁的总结性文字，当然最好不要太自恋和自怜。通过阅读别人的传记和反省文字，也可以从中得到启发。而阅读一些有关人生哲学的理论和历史的著作也是必要的，这样可以帮助我们找到在日常生活中形成的思想观念的位置，并使之精细化和系统化。

第二章 人生哲学源流

我们当然希望有一些人能够尽量达到一些高峰，从而展现人类的最高能力，而且，他们居于各自的峰顶，也应当学会互相欣赏。但是，众多没有能达到这一高度的人也自有其生活的意义并且值得尊重。只要具备一些基本的要素，他们也可以说达到了自己的完善。

1. 人生哲学在西方的大致演变

雅斯贝尔斯所说的公元前五百年前后产生的“轴心时代”的精神创造主体，两个在西方：犹太教先知和希腊哲学家；两个在东方：创立佛教的印度的释迦牟尼和以孔子、老子等为代表的中国诸子百家。其中两个是宗教的，两个是人文性质的，但都深远地影响了几大文明此后的发展，奠定了各自长久的精神文化传统。

从人生哲学的角度看，古希腊的《荷马史诗》以及诗歌和戏剧虽然已经在追求卓越和荣誉的人生目标以及人的命运方面有深刻的思考，希腊诸邦的自然哲学家也表现出对人文的兴趣并留下许多人格榜样及逸事，但是，哲学思考的重心从自然转向人间是由苏格拉底完成的。公元前五世纪生活在雅典的哲学家阿拉克萨哥拉说：“我的祖国在天空。”而苏格拉底则对大地天空、山川草木不甚关心，他集中关注的是人，“人应该如何生活”成为典型的苏格拉底问题。在他看来，要弄清人应该如何生活，必须通过哲学的反省。

有人在德尔斐神庙得到一神谕，说没有比苏格拉底更智慧的人，但苏格拉底并不认为自己是最智慧的人。为此他走访了政治家、诗人、手工艺者等各行各业的人，结果却并不令他满意，于是，他说如果他还有某种智慧的话，那就是一种自知其无知的智慧，而许多人则是无知而自以为知识满满。在苏格拉底看来，德性来自知识，“无人有意为恶而无意为善”。如果一个人真正知道了什么是善和德性，他就会这样行动和生活。如果知道了何为正义而不坚持这样行动，那也就算不上真知了。他自己也是这样做的，无论是在雅典的僭主制还是民主制下，他都曾不惧生命危险而坚持做对的事情。他孜孜不倦地和许多人讨论节制、勇敢、智慧、正义等种种德性，也讨论什么是善和至善。他绝不轻易接受现成和轻易达成的结论，而总是从各个方面进行质疑、探询和反省。如此就得罪了不少人，后来甚至被控告，以腐蚀青年和不信神等罪名而被处以死刑。

苏格拉底不著一字，但他努力探索的精神却开启了其后的诸多学派，大苏格拉底学派如柏拉图与亚里士多德，小苏格拉底学派如以阿里斯底波为代表的快乐主义和以安提斯泰尼为代表的强调为德性而德性的犬儒派。快乐主义在伊壁鸠鲁的哲学中得到了更系统的阐述，但他更强调消极的快乐，即“灵魂的无纷扰和肉体的无痛苦”。而犬儒派的思想则导向了从古希腊到古罗马的、发展更为浩大和深邃的斯多葛派的哲学。

苏格拉底的许多思想借助柏拉图、色诺芬等人的对话录与回忆录，以及诸多学派学园存留下来，而柏拉图也建立了自己宏大的哲学体系。柏拉图崇尚理性，他认为，各种事物都有其背后的理念或范型，事物只是这理念的不完美的摹本。而最高的理念是善的理念。人生的最终目的是灵魂脱离肉体而沉思美好的理念世界。但在尘世中，人应当让自己心灵的三部分——欲望、激情和理性井井有条，并由理性或智慧来进行统治。欲望必须受到节制，而激情必须勇敢地捍卫理性而不能自行胡作非为。如果达到这样的心灵秩序，也就达到了个人的正义。而城邦国家的正义也是如此，如果是由代表智慧的哲学家进行统治，代表勇敢的护卫者进行捍卫，而所有人的欲望都受理性的节制，那么，这个国家也就达到了正义。但是，柏拉图也对是否真的能在世间实现这种理想国心存疑问，他在《理想国》中描述的“隐身人”和“洞穴”的隐喻说明他也考虑到了人性——不仅是说服多数缺少智慧和洞见的人的困难，也包括少数人乃至哲学家容易被不受限制的权力腐蚀的人性。这样，他后来更倾向于一种具有现实可能性的“法治国”。

亚里士多德则在推崇理性的同时也注重经验。他的人生哲学可以说是目的论的、幸福论的和完善论的。他认为所有的行为都有目的，诸种目的概括地说都指向幸福，而他对幸福的解释是人的各种德性和素质、能力的全面发展和实现。当然，这些德性中最高的还是一种思辨的德性、沉思的德性，但这实际上是一种哲学的德性，只有少数人能够获得或愿意进入。在所有人都能践行的伦理的德性中，他最推崇的则是在各种品行中保持“中道”与平衡的原则。

古希腊罗马人生哲学各派的分歧可能并不像它们初看起来那样巨大，尤其是表现在行为和生活方式方面。他们都推崇理性和有德性的生活，都主张平衡和节制，也都追求优秀和卓越，在希腊城邦衰落之后，他们更重视在个人的生活中实现这样的德性。只是这些流派在生活后面所依据的原则是不同的：快乐主义把快乐看作根本的原则，而像柏拉图、尤其是亚里士多德则将完善看作根本的原则。

斯多葛派的哲学除了主张按照人的自然本性——主要是按照理性生活，还开始发展出一种在对德性与好的生活的追求方面将所有人，无论是主人还是奴隶、文明人还是蛮族人、男人还是女人、高贵者还是卑微者都视作平等的人的精神。而基督教则更将精神关注的重心转向卑微者和弱势者。在上帝面前，所有人都是平等的，甚至卑微者更有可能进天堂。但它并不在尘世的社会政治和经济方面要求平等，个人的尘世欲望和自由也受到强大的精神力量的约束。

近代开启了追求更为开放的个人自由和社会平等的潮

流，对物的控制和征服也渐渐变为人生事项的一个重要甚至主要议程。马基雅维利试图使政治摆脱宗教乃至道德的限制。马丁·路德的“信徒皆祭司”将信仰的权利与确证从教会交到了个人手里。培根的《新工具》等著作呼吁对科技新知的重视。笛卡尔的“我思故我在”倾向于将理性置于个人自我主观意识的基石之上，从而在某种意义上可以视作是后世道德怀疑主义、相对主义乃至虚无主义的滥觞。他也关注人的心灵与身体的联系。

从霍布斯的契约论到洛克、卢梭的社会契约论试图使政治奠基于完全尘世的平等的人之间的同意契约之上，如果说霍布斯的政治社会的价值目标主要是保存生命、洛克的政治社会的价值目标主要是保障自由和产权的话，卢梭的政治社会的价值目标则是渴望实现尽可能的社会平等。同时，法国启蒙派的爱尔维修等则主张一种开明的、普遍的利己主义。

英国的休谟等则更强调经验而反对独断论。但也有人在努力尝试现代理性主义的道德建构。康德受休谟和卢梭思想的刺激和影响，试图走出神学的权威，也关注社会的平等，他努力在新的实践理性的基础上建设一种道德形而上学的体系。他也将伦理学关注的中心从如何全面地做人和过一种良好的生活的问题，转向了如何使自己的行为正当、这种正当的根据是什么的问题，从而开启了一种现代义务论的传统。而在英国如苏格兰学派，也发展出一种试图通过强调直觉来捍卫价值和规范的客观普遍意义的传统。

黑格尔，也许是最后一个相当自信且影响巨大的试图建立一个包罗万象的严密哲学体系的代表。但就在他的祖国，也很快就有了像费尔巴哈、马克思这样的批判者。而叔本华发展出一种人生悲观主义的哲学，想摆脱这种悲观的尼采则提出了一种“超人哲学”，他想重申基督教之前的古希腊人对优秀和卓越的追求，类似的一些思想也潜伏在 20 世纪的海德格尔精妙玄思的形而上学之中。

法国的无神论存在主义则更强调对社会政治的积极“介入”。萨特等思想家、文学家把世界看作是荒谬的，“存在先于本质”，认为人的所谓“本质”是由自己造成的，人有绝对的自由。但到二十世纪末已经可以比较清楚地看到，他们行动“介入”的结果看来并不如所愿。至于英美的许多伦理学学者则似乎没有这样影响社会的雄心，在语言和逻辑哲学的影响下，他们在相当长的时间里更多地致力对人生价值和道德规范的逻辑和语言的分析——元伦理学的研究，直到二十世纪下半叶罗尔斯《正义论》等著作的出版，人们才对具有实质意义的政治哲学和人生哲学有了更多关注。当然，如果我们的眼光不限于学院派的哲学，还是可以看到许多思想家乃至行动者对人生的思考和探讨。我们对西方人生哲学演变的一个极其简略的勾画就叙述到这里，下面转入对几种主要的人生理论的分析与介绍。

2. 利己主义与自爱是一回事吗

我们都知晓自爱。自爱可能导致自私自利，损人利己；但另一方面，像自重自立、自信自强等被人们赞美的品性也来自自爱，或至少要和自爱发生某种关联。自爱也可说是一种天性，就根深蒂固地存在于我们的本性之中，来自我们的肉身和自我意识。有肉身和自我意识在，就会有自爱。但是，自爱与利己主义是一回事吗？我们不妨厘清一下利己主义的涵义。

英国伦理学家西季威克在其名著《伦理学方法》中认为有三种主要的伦理学流派：利己主义（egoism）、直觉主义（intuitionism）和功利主义（utilitarianism）。中国也有一句古话："人不为己，天诛地灭。"和其他伦理学理论比较起来，利己主义也许还是被行得最多却说得最少的一种伦理学观念，即它在人们的实践中影响甚大。

利己的行为，可以公开也可以隐蔽地实行。而将利己作为一种“主义”来主张，就已经带有一种普遍主义的性质。利己主义可以分为心理的利己主义与伦理的利己主义，心理利己主义认为，从行为的目的和动机看，人们的活动事实上都是为了谋求自己的利益。但是，我们也看到社会上的确还是有不少利他行为，如果还要继续坚持心理利己主义的普遍性，就可能还要将“利益”解释为不仅是物质的，也是精神的，即认为一些人之所以要致力帮助他人、与社会合作，甚至为此牺牲自己的利益，是因为他们要追求荣誉，或者是为了求得自己精神上的满足。法国十七世纪的拉罗什福科的《道德箴言录》就可以说是这样一种类似于心理利己主义的作品，其在包括追求荣誉、友谊、爱情、仁慈、公益等几乎所有的行为动机中都展现了自利的特性。

还有一种利己主义是伦理的利己主义，即不仅认为人们事实上是追求自己的利益，也认为人们应当追求自己的利益，亦即不仅承认一种利己主义的心理普遍性，还带有一种伦理上理直气壮的性质。后者也常常被称之为是一种开明利己主义或合理利己主义，因为它不仅认为自己的行为可以是利己主义的，也认同他人的行为可以是利己主义的，亦即所有的人都可以是利己主义者。而通过个人积极谋求自己的利益，反而可以促进和达成公共的利益，甚至达成最大化、最有效的公共利益。这种利己主义者之所以常被称为“开明的”或者“不虚伪的”，也许是因为，他们将自己与他人置于一种平等的地位，即如果我可以追求自己的利益，别人自然也可以这样。如果一个人仅仅是追求自己的最大利益，则可能是在别人实行利他主义，而只有自己实行利己主义的时候。

活跃在二十世纪美国的一位社会影响很大的女士安·兰德便是持这样一种主张。她倡导一种“自利”的德性，认为每个人都不可以为了别人而牺牲自己的利益，当然，也不能为了自己而牺牲他人的利益。她写了《自私的德性》《一种客观主义的伦理学》等书来宣传自己的主张，而她的文学作品影响更大，她的几部长篇小说《源泉》《阿特拉斯耸耸肩》等长期居于美国畅销书榜的前列，据说是除了《圣经》外印得最多的。兰德对她的利己主义有自己的解释，她实际上并不是强调这种利己主义中的物质利益和享受，而是强调一己的主动和创造性，但毕竟还是在主张一种利己主义。不过我这里不详述兰德的思想，而集中于分析利己主义的一般主张。

利己主义有没有它的一些合理性呢？一些社会生物学者认为，在人性尤其是人的生理本性中有根深蒂固的支持自利的因素。美国生物学家道金斯写过一本书就叫《自私的基因》。他认为基因都是自私的，都尽力要求自保，而且越是自私的基因越是能够胜出，最后存留下来的生物——包括人——其实都是最能够自利的动物，故而自利也就是人的本性。

我们在自己的日常生活中也的确可以时时体察到，我的身体就是我的身体，所有身体的感受就发生在我的身上，我的痛苦也就是我的痛苦，如果我身体的某一部分遭受毁损，那么，是我，而不是别人就只能拐着走路，或者耳聋、眼瞎，还有一些别人看不到的痛楚，也只有我自己才能感觉得到。而如果我的身体不存，我这个人——不是别人——也就没有了。所以，从自己的身体出发，你每天得给自己食物，让自己保暖，让自己休息，等等。这样一种近乎本能的自保层次上的自我关怀的确是每个人都需要有的，也是很自然的。然后在这基础上就还可能生长起对自己被人尊敬、被人羡慕的需求等。

当然，如果利己主义仅仅事关基本的生存，事关必要的自我保存，那的确没有多少好批判和否定的。但这样的自保，不如用比较中性的“自爱”或“自我关怀”来表达更为恰当，“自私”已经成为我们生活中的一个贬义词。我们注意到，人的自我需求的确是很有可能膨胀的，乃至完全不顾别人同等需求的地步，这样，“自利”也就需要节制。而更重要的是原则问题：我们是否可以用“自利”作为根本的标准来判断道德上的正当与否？或者是否可以将“自利”作为我们人生的普遍追求目标？另外，由于上述人性中的因素，包括生理上的原因，利己主义有着自然强大的动力源泉，因此再大力倡导它也就没有必要了，甚至反而很有可能造成利益矛盾的冲突激化。

我们在这里可以再将人们的行为细分为三个环节：行为

的目的动机——行为本身或者说行为的手段——行为的结果，来分析利己主义。

首先，利己主义认为行为的动机纯然是利己的，或者全部行为的动机都是利己的，这并不能得到可靠的证实。别人的内心动机是我们很难测定的，且与其认为人们的行为动机纯然是利己的，倒不如说是常常混合了利己和利他的冲动，乃至可能还有其他的冲动大概更符合事实。人心中还有像恻隐之心等支持利他行为的纯然道德感情（这种恻隐之心甚至在其他动物身上也能见到其雏形），它们也会在行为动机中发挥巨大的作用。

其次，行为的结果也常常是混合的，或者说既对自己有利，也对别人或社会有利。比如一个人取得的科研成就，给他自己带来了荣誉乃至财富，对别人和社会也是有益的。但是，我们又要看到，各个人的利益既有一致的方面，又还甚至有可能冲突的一面，尤其是在一些不合理的制度下。另外，行为的结果也不是那么容易判定的，或者说直接的结果可能比较好判断，长远的结果却不易判定。

再次，行动的手段也是可以分析的。有些手段可能对自己和对他人、社会都有利。比如一种自愿的市场交换，一般对交换的双方都是有利的，常常是一种“双赢”。只有强迫的所谓“交换”，或者说直接的盗抢，才是仅仅对行动者一方有利的。但相对于行为的动机与结果，对行为手段的道德判断倒是相对容易一些。使用暴力和欺诈的手段肯定是有损于他人的。

这样，我们也许可以说，虽然不可能完全否定或消除自保自利的倾向，利己主义却不适合作为道德的或人生哲学的原则。虽然合理的自我关怀是可以的，但不能私欲膨胀。

这样，我们首先就需要在明确的行为手段方面避开那些损人利己的行为，警惕和拒斥那种“为了目的和结果可以不择手段”的思想。

而在行动的结果方面，我们要努力创造和维护那种能够将个人对自己利益的努力汇聚为公共利益的制度，建设能够将人的善意而非恶意导引出来的制度、能够带来和谐而非仇恨的制度，即能够较充分和全面地使个人利益与公共利益趋于一致的制度。在个人对他人的行为中，由于人对自己带给别人的好处容易高估，对自己行为对他人造成的伤害容易低估，我们也需要相应地调整自己的行为。尤其是政治家，始终需要考虑自己的行动将带给千百万人的全部后果，而不是只凭自己的“信念”行事，这也就是韦伯所说的政治的“责任伦理”。

在行为的动机方面，我们个人在开始做一件事情之前，尤其是确定大的人生目标之际，就要尽量寻求为自己和为他人的结合点。而且分出利益的轻重缓急，如果是紧迫、重大的他人和公共的利益，即便有些时候需要损害自己的利益，也应当在所不惜。对于那些为了公共利益而牺牲自己的利益乃至生命的人，我们更应当永远抱有一种敬仰之情。

有一位著名的北大教授曾经谈到，我们现在的大学“正在培养一些‘精致的利己主义者’，他们高智商，世俗，老到，善于表演，懂得配合，更善于利用体制达到自己的目的。这种人一旦掌握权力，比一般的贪官污吏危害更大”。这的确是值得我们警惕的，尤其是对这样的人掌握权力的警惕。如果将“精致的利己主义”从较好的字面意义上去理解，可能是指表面上比较彬彬有礼，但骨子里还是为了自己，只是吃相不那么难看。从较差的方面去理解，则是指精心谋取自己的利益，精于算计别人，善用圈套，即所谓“口蜜腹剑”者也。

但还有一种“高调的利己主义”也值得我们警惕，甚至更值得我们警惕。这种“利己主义”大概也是利己主义的一个特殊变种。一般来说，利己主义是指个人，但也有一群人的利己主义，有一国人的利己主义，甚至还有某个特殊集团，甚至某个特殊个人利用“群体”或“国家”之名来谋求实现自己的某种政治理念，这个时候，他们想要宣扬的恰恰不会是利己主义，而会是集体主义、国家主义。这样的人在自己的行为上看起来颇为无私，行为检点，比如希特勒，他不喝酒，不近女色，也没听说中饱私囊——他也不需要，他不是想谋求他自己的经济利益，而是要实现他的政治理念，结果是他的私德虽然比有些自由民主国家的领导人可能还好，却给世界带来了一场浩劫。

如果将这种高调的利己主义与精致的利己主义相比较，哪个更危险，哪个更需要防范？看来还是前者更需要防范，因为没有掌权的精致利己主义者毕竟损害的面较小，可能就是他身边的一些人；而高调的利己主义者则志在掌权，一旦得势损害面就很大，受害者绝不仅是他身边的几个人，而可能是一城、一国乃至世界。两者虽然都有欺瞒性，但是后者有更大的欺瞒性，因为它可以假“公”为私，让所谓的“大我”淹没“小我”。

谈到这里，我们还有必要注意区分利己主义与个人主义。个人主义与利己主义有时容易混淆，但其实两者并不一样，个人是相对于社会、国家而言，指每一个人，所有人，甚至可以说指全体，只不过不是淹没在群体中的个人，而是组成群体的个人。这时，强调公平地关怀和照顾每一个人的利益，对所有的个人一视同仁恰恰不是一种私，而是一种公。健全的个人主义也能够成为抗衡“高调的利己主义”的利器。当然，单独地讲个人主义而不讲共同体精神和公德也会有很大的偏颇，因为的确会有大家共享的利益，有公共的服务和工程，是不能都化整为零地分配给个人的。

3. 快乐主义是否可欲可行

人在天性上或就是某种快乐主义者。人的确有趋乐避苦的本能，谁也不愿老待在痛苦里，但这种本能也不是人的全部。问题是：作为一种指向实践的理论主张，快乐主义真的可欲可行吗？这个问题甚至与那些最早认真思考和倡导过快乐主义的古典思想家的生活方式没有太大关系。他们往往表现出一种对人性的悲悯，一种大度和宽容，内心其实并不怎么乐观，外观也不像在过一种世俗所认为的快乐主义生活。在现实生活中，追求快乐主义的人们可能最后还是会发现，一个人在有了足够多的阅历、体验了足够多的喜哀乐怒之后，发现某种单纯的宁静和心地平安、而并非高强度的快乐是最好的。下面我们就来讨论快乐主义的意味。

快乐主义（hedonism）认为人追求的人生目标就是快乐。

快乐主义其实与利己主义有密切关联，利己主义重点在主要为谁谋利，快乐主义重点在这利主要是什么。如果将获利的主体定在自己一人，那么就是利己主义；如果将这“利”主要理解为快乐，那么就是利己的快乐主义了。

另外，快乐主义与功利主义也有密切联系。这可以从主体和目标两方面说：从主体来说，功利主义的享有者不再是个人一己，而是尽可能多的人；从目标来说，行动所要达到的也不仅是主观的快乐了，而是功利，即包括了客观内容和客观利益的功效。现代功利主义可以说就是从古代快乐主义发展而来的。功利主义的一个口号就是：“最大多数人的最大幸福。”

当然，也可以说，对于不再是单数的个人，而是大量的复数的人，就不宜再说主观的快乐了，只能说功利。所以，西季威克说功利主义就是普遍的快乐主义，这是对的，但还不完全确切，其实对于大多数人来说，所谋求的功效并不只是快乐。一个人的快乐已经难以测度和衡量了，许多人的快乐就更加难以测度和衡量。而功利、效用还是比较好测度一些，这甚至构成经济学的一个基础。

快乐主义也可以分为心理的快乐主义和伦理的快乐主义。前者认为人们行为的目的动机是追求快乐，后者认为人们也应当将快乐作为自己追求的人生目标。人人都趋利避苦，这一说法确实吗？的确，快乐和痛苦可以成为动物自我保存的一个信号，人类的祖先或许正是这样进化而来的。他加强能给他带来快乐的能力，弱化会给他带来痛苦的本能，这样就慢慢脱离动物界了。但脱离动物界之后，人就不能完全按照这一标准来判断了。人的追求应该说就远为丰富和复杂了。

“快乐”究竟是什么呢？有一种解释认为，快乐就是“欲望的满足”。但有时候我们也会发现，我们对自己有一个期望，并为此努力和焦虑不已，然而，这个期望的目标可能对自己要求太高，或者有其他不适合的地方，仔细想过之后放弃了这个欲望，结果反而感到轻松，甚至感到快乐了。这种情况下，快乐似乎就不是“欲望的满足”，反而是“欲望的放弃”了。

似乎还有各种各样性质的快乐。快乐本身也有一种综合性，即便说人们都追求快乐，而所求的快乐却有相当的不同，即它又有在不同个人之间的歧异性。有些人认为物欲的满足就是最大的快乐，有些人认为天伦之乐是最大的快乐，也有些人认为处在权力的顶峰，对任何人都可以颐指气使，或者享有最大的名望，被所有人注目是最大的快乐，还有些人认为某些主观的体验，例如食色是最大的快乐，甚至视某些怪异行为之后的特殊体验、心醉神迷为最大的快乐。

既然有各种性质的快乐，可不可以，或者怎么能够比较它们呢？对它们的态度又当如何？是各取所需且一视同仁，还是要分出具有客观意义的高下？如果区分，这种高下的标准又是什么？能不能按照视其为快乐的人数的多少来决定呢？

快乐还有强烈程度、持续时间等方面的不同。至少，有一种区分快乐的方法是将它们分为积极与消极的快乐，前者如飘飘欲仙的狂喜和迷醉，但它可能比较短暂；后者则只是不感到身体的痛苦和心灵比较安适而已，却可能比较长久。

功利主义者边沁也许只注意到快乐的量的测度，他说："小孩玩的图钉游戏像诗歌一样好。"密尔则还注意到比较快乐的性质并且分出高下，他说："做人而不满足要比做猪而满足更好，做苏格拉底而不满足要比做傻瓜而满足更好。傻瓜或猪若是有不同的想法，那是因为他（它）们只知道这个问题有关他（它）们自己的一面，而人和苏格拉底则了解问题的两个方面。"

也就是说，我们可以不从道德的角度来提出不同快乐或满足的优劣，而是从认识论的角度来看，假如要比较两种不同性质的快乐，至少要能够体验到两种快乐，这样才能够比较它们。而只知道其中一种快乐的人是无法比较的，只有曾经体验过两种或多种快乐的人才有可能对它们进行比较和判断。这个比较的标准早在柏拉图的《理想国》中就曾提出过。曾经体验过声色口腹之乐与哲学沉思或文学创作之乐的人，可能会觉得后者的快乐更深沉，更复杂，也更持久。当然，他也可能两者都不拒绝，既喜欢思考，也喜欢口腹之乐，即中国士人所言：努力"做上等人"，但也不拒绝"享下等福"。但是在两者必须取舍的时候，大概会宁愿选择前者，即在只能过一种简单物质生活的时候，也还是要保持一种丰富的精神生活的快乐。这也是我们之后要谈到的，这样的人不是纯粹为了追求快乐而生。还有一些人则无须取舍，从一开始就选择了简单的物质生活。

也就是说，许许多多的哲学思考与文学创作者并不是为了追求快乐而从事这些活动。思想和创作也并不总是带来快乐，也很有可能带来过程的痛苦甚至事后的危险，但之所以他们还是愿意承担，是因为思想和创作展现了人更丰富的一面，或许我们还可以说是“人之为人”最特殊、最高贵的一面。而且，由许多痛苦煎熬出来的欣慰可能是更大的快乐。但与其说这快乐是追求的目标，不如说是一种我们可以欣然接受的副产品。

我们有时候感到忧伤，但同时感到一种美好。比如我们在海边或群山之间看到黄昏的落日，这种美感仅仅是一种快乐吗？我们有时感到寂寞，但同时又感到一种生命的独立和充实感，这种充实感也只是一种快乐吗？我们有时处在一种长期的平静的坏心情中，却在这种状态中工作得最好，甚至唤醒了一种创造力，或者因此感觉到生命以前不知道的方面，而且我们并不愿意放弃这种状态。

鲁迅在《野草》中写道：“当我沉默着的时候，我觉得充实；我将开口，同时感到空虚。”“抉心自食，欲知本味。创痛酷烈，本味何能知？”他经常处在一种平静的坏心情中，只活了五十六岁。但如果对他说："给你另外一个比这更加快乐和长寿的人生，只是没有你的这些创作。"我想他一定是不会换的。

有人或许会说，如果他不愿意换，那么他从前者得到的也还是"快乐"。但就像不要把"利益"扩大化而包括一切一样，我们可能也应该不要把"快乐"扩大化而包括一切我们愿意接纳的感受。

而且还有一种"快乐的悖论"，即我们越是追求快乐，我们可能越是不容易得到它。而当我们并不以追求快乐，而是以做我们认为有价值和正确的事情为我们的行为动机的时候，反而更有可能得到不期而遇的快乐。

我们可能原先以为通过以做成某件事为手段而达到快乐的目的——暴富、出了大名、掌了大权之后会非常快乐，得到之后，却发现自己并不像预期的那么快乐。这快乐"忽焉在前"，又"忽焉在后"，最后觉得最值得回忆的反而是奋斗的过程乃至以前的时光。

我们的一生不会万事如意，也不会始终处在快乐之中。我们对人生快乐的希冀可能变得虚幻，甚至觉得生活对我们是一种欺骗。但对待它的态度，倒不妨像普希金写的一首诗那样：

假如生活欺骗了你，

不要悲伤，不要心急！

忧郁的日子里须要镇静；

相信吧，快乐的日子将会来临！

心儿永远向往着未来；

现在却常是忧郁。

一切都是瞬息，

一切都将会过去；

而那过去了的，

就会成为亲切的回忆。

只要我努力过、奋斗过，即便没有成功，但在生命接近终点的时候，可能还是会感到欣慰乃至快乐，而即便未来的快乐不再来临，过去的日子对我也弥足珍贵。还有一些看来普通平凡的生活，收获的快乐也似乎平淡，但反而是恬淡的快乐最有可能被多数人得到、延续，并传递到我们生活的其他方面。一个人在年轻的时候可能希望一生收获许许多多的快乐乃至极乐，但经过漫长的人生历程，得到许多也失去许多之后，晚年可能发现年轻时候的天真烂漫和无畏追求才是最令自己愉悦的。

我们也许还可以从行为的三个环节来考虑：引发行动的目的动机——行为的过程——行为的主客观结果。

这样我们也不难从自身的体验和对他人行为的观察中发

现：行为的动机经常是混合的，目的也并不总是很明确。人们行动并不只是追求得到快乐或免除痛苦，而常常是受到各种感情、意愿乃至本能的影响。行为的过程则更可能伴随着种种不安的选择，以及需要改变自己惬意习惯的努力奋斗，甚至可以说，坐享其成的快乐，是怎么也比不上那种通过自己不无痛苦的奋斗得来的快乐的。而行为的主观感受与客观功利也是经常伴随苦乐和利弊混合在一起的，我们只能择其大者而言之。尤其是主观感受，即便是面对同样的结果，也有不同的感受。就像人们常说的，面对同样一个盛了半杯水的杯子，有人会注意杯里还有半杯水而感到愉快，有人则会注意那空着的一半而感觉不快。前者可以说是一个乐观主义者，后者可以说是一个悲观主义者。但乐观主义者并不就是一个快乐主义者，两者之间并不能画等号。相反，到处追逐快乐的人倒是更有可能陷入悲观。而不追逐快乐的人反而容易获得一些如静静的泉水涌出的快乐。就像斯多葛派哲学家，他们对人生并不抱持快乐主义者的看法和态度，但他们面对人生的灾难时反而更容易获得一种心灵的宁静。

我们并不是不要快乐，但也许不妨更多地将它视作一种副产品，得到了高兴，没有得到，或没有达到预期的最大值也不悲哀和抱怨。综合看来，快乐主义是不适宜作为一种根本的道德原则的，人们也不必将快乐视作一种人生最高或主要的目标，不宜将之作为评判人生的标准。

4. 完善主义是要求每个人都完善吗

从价值目标来说，完善主义（perfectionism）是指属于人的特性、能力各方面的改进和完善，从广义来说，它几乎可以包括从快乐主义到功利主义一派之外的其他所有人生哲学流派。当然，各个流派所强调的人的特性会有不同，也有范围宽狭之别。虽然各流派承认这些特性的完善也会带来快乐和功效，但快乐和功效并不是人们应当追求的人生目标，乃至为了完善这些特性，即便达不到快乐和功效，这些人的特性的充分展开与发展也是人们追求的首要目标。

如此就要认识人性，认识作为人与其他动物根本区别的人性。这里最重要的特性自然是人的意识或理性，尤其是人的道德理性，即把善乃至至善作为人类的理想，也作为一个人一生追求的总体目标，而在这一追求中，所需要具备的品行、德性和正义感自然也得到高度的重视。这些德性本身也包含在人生目标之中，德也是一种善，是本身值得被珍视和追求的一种价值。两者有很大的重合，或者说互为目的与手段。

我们在古希腊的完善论哲学家那里都可以发现这种将理性与德性结合起来的特点，苏格拉底说德性即知识，柏拉图和亚里士多德将理性的卓越作为最高的德性，认为应该由它来统摄其他的德性。

当然，在古希腊人的生活实践中，这“德性”（virtues）的含义足够广阔。德性实际意味着各方面的优秀和卓越（excellence），比如一个战士追求勇敢善战，一个戏剧作家追求作品荣誉的桂冠，一个运动员追求竞技场上的优胜。而由于这些活动在古代并不是完全职业的，一个优秀的人也可以追求多方面的卓越。

但无论如何，正义、诚实这一类道德的德性还是在各种德性中占据重要地位，在哲学家的探讨中更是占据主要地位。同样，正如上述，哲学家们也将理性看作最高的德性，他们甚至倾向于将理性与德性看作是一致的，或者说理性或智慧在其中占据最高的支配地位。

斯多葛派更是将世界和人的自然本性与理性、德性都看作是一致的。按照自然生活就是按照本性生活，按照本性生活就是按照理性生活，按照理性生活也就是按照德性生活。而且，他们更有一种将道德的理性不仅看作最高甚至是唯一的目标的倾向。这里加入了对人的命运的更深认识，古希腊人乐观战斗，但当失败或死亡来临时也就接受命运，与命运和解。而像马可·奥勒留这样的沉思者，贵为罗马帝国的皇帝，却向往一种沉思的生活。虽然他也努力承担作为皇帝的义务，但在《沉思录》中，我们不断地看到这样的描述：所有的荣华富贵都如泡影，所有的伟业都要凋零，所有的人都要死去。我们唯一能把握的就是，在活着的一生里，坚定地按照本性，也就是按照德性和理性生活。

基督教引入了一种超越的存在。这也是在古罗马帝国的道德涣散和哲学家的长久悲观中的一种新的希望，人们追求的理想目标不再局限于此世，还有死后，还有天堂和灵魂不朽。甚至对人来说，更重要的是彼世而非此世，人的此生只是奔赴彼世的一段旅程。信、望、爱成为新的三主德。

近代则渐渐重新回到更重此世。近代思想家再一次拓宽人的理性。理性甚至被置于更高的地位，但是，这理性的内容已渐渐不再主要是道德的理性、本身作为目的的理性，而是技术的理性、工具手段的理性。后者越来越占上风。人们开辟了征服自然万物的历程。还有一个重心的转移就是，即便在道德理性方面，也更多的不再关心追求优秀和卓越，而是追求平等和强调关心弱者。生活的价值目标因为对平等个体的尊重，不再有过去社会等级制度下的那种统一、支配的价值观了。人人都可以在一个合理的或者说不妨碍其他人的同等价值追求的范围内追求自己的价值和幸福。只是一种经验的观察告诉我们，这种价值平等多元也会自然而然地造成一种事实上的价值一元，即多数人越来越重视追求物质生活的价值和幸福。

所以，何为人类的完善？这完善的内容是什么？现代已经很难确定，乃至拒斥像“完善”“至善”这样的概念。在二十世纪、二十一世纪之交，像包尔生这样的哲学家就已经只能将这种完善的内容相当形式化地描述为“人希望过人的生活”“为所有属于人的精神力量和特性都留有空间”。而且这种理想的“人的生活”总是要打上时代的烙印，我们只能知道现在这一步而不知道下一步。比如在古典时代，人们曾将追求卓越与荣誉推到首位，中世纪曾将信仰上帝放在中心，而现代社会又将平等福利置于优先。包尔生那种形式化的完善定义自然包含广阔，但也需要有各种各样的具体内容去填充。但它至少还是谦虚和低调的。近现代也有更具体和明确的高调社会理想的大规模实践，但实践的结果看来适得其反。

还有个人的完善，我们如何理解个人的完善？如果说人类的完善是其特性和各种能力的充分展开，而个人却不可能充分展现属于人的各种能力，但人类的完善又是要通过个人的完善来达到的。我们可以想象由众多的山峰构成的山脉，而不是一座唯一的通天塔。各人可以根据其所长和所愿选择，或分别攀登不同的山峰，或聚族而居于山峰之间一些平坦的坝子，乃至散居于某些不为人知的山谷，而且互相能够平等地对待各自的选择。

我们当然希望有一些人能够尽量达到一些高峰，从而展现人类的最高能力，而且，他们居于各自的峰顶，也应当学会互相欣赏。但是，众多没有能达到这一高度的人也自有其生活的意义并且值得尊重。只要具备一些基本的要素，他们也可以说达到了自己的完善。有宽广才能或多种才能的人，也有仅仅在某一方面显示出特异天才的人，还有资质可能平平的人，他们都有自己的生活，但只要能够体现出人的一些基本特性，比如说有理性的计划，有道德的情感，有基本的德性，也就可以说有自己完整的人生。

这样一座人类的山脉，从整体来说，有高峰，也有峡谷；有白雪皑皑，也有花红柳绿；有平坦，也有险峻；有壮美，也有幽美。人群中有攀登高峰者，也有安居平坦者；有抱团取乐者，也有特立独行者；有引人瞩目者，也有埋名隐姓者。各得其所，各尽所能，各遂所愿。当然一个基本的前提是需要有共同的、坚固的大地，这就是古往今来的有识者反复强调的基本的理性和德性。

5. 观乎人文

谈到人生哲学在中国的产生与发展，我们需要从西周说起。在西周之前，一是文献不足，虽然在殷商时期就已经有了甲骨文，但内容限于占卜，而其他文献如《尚书》《诗经》直至《史记》的记录也分量较少；二是即便从这些不多的文献中大致也可看出，在殷商乃至此前，中国大致还是走着与其他文明相似的道路，即崇拜神灵、深信天命、崇尚武力等。从西周开始，中国开始走上了一条比较独特的道路，即重视人事和人文，也重视亲情关系，乃至建立了宗法制和封建制，在政治制度与文化上也印上了亲情脉脉和文质彬彬的特色，也就是说建设了一套具有严格等级和规矩，但又有柔和的亲情与人文的礼制。

这种建设与西周初期连续的“三圣”——文王、武王与周公——有很大关系。如果传说为实，文王在被商纣王囚禁期间，将原来的八卦演化为六十四卦，这已经是一种对世界和人生的抽象思考。“生生不息”“天行健，君子以自强不息”的观念已经开始深入人心。但是，“三圣”还主要是实践者，真正在礼制后面发掘甚或是创建出一种“仁”的精神的是孔子，孔子也可以说是中国人生哲学的第一位创建者和集大成者。

孔子进一步将尚武之士变为崇文之士，并开创了儒家学派和日后治理中国两千多年的士人阶层。这一士人阶层不再限于封建贵族，而是向全社会、向“引车卖浆者流”开放。孔子及儒家的思想不看重理论哲学，而是重视体现理论的人格范型。他们的人生理想是君子圣贤，即注重道德人格的完善。儒家的学说也可以说主要就是学做人，即通过人文与道德的学习和培养，努力向君子圣贤看齐。

孔子自著书仅《春秋》一部，且极其简略，重在道德的褒贬，但他整理了《诗》《书》《易》《礼》等古代的许多文献。孔子重学，可他从来不认为自己是一个圣人，也不是一个“生而知之者”，只是把自己看作一个好学深思者，一个“每事问”者。

对于人性，孔子并没有多说，在《论语》中只说：“性相近，习相远也。”即人性都是差不多的，后来却因为所“习”不同会大不一样。这“习”首先是指风俗习惯，但一个人所处的风俗习惯至少也是可以局部选择的，所以会有“孟母三迁”。其次，但其实也是更重要的，就是要“学习”。孔子虽然没有多说“性”，但他谈“仁”“心”“志”，其实也就是发掘人性中的道德因素。一是试图通过兴学和教化来改良社会的风俗习惯；二是通过自我和团体的学习来提升、涵泳和改变自己的气质，这是儒家一直都很重视的两件事。

对于善，孟子也没有多说，只说“可欲之谓善”，这是一个很形式的定义。先秦儒家不是很重视概念和理论，他们更重视的是人格的榜样和鼓励，常常是具体地说你要立志成为一个什么样的人，是君子还是小人，这就要从分辨“人禽之别”，从开发自己的道德意识开始。

后来孟子争辩性善性恶，也是从内心着眼。他认为“恻隐之心，人皆有之”，所有人开始都或多或少地具有这样的心性。“恻隐之心，仁之端也”，道德情感的动力源头就是这“恻隐之心”。仁、义、礼、智皆在人性或者说人心中有其“端”，也就是“善端”，即人向善的可能性。故此他反对性恶论，也反对性无善无恶论，即是在肯定人的善端。

但孟子同时也认为这善端善心是很容易放逸散失的，所以要致力不断地去求这原初的“本心”。后来王阳明的心学则是极力地弘扬这心中的一点“诚明”，而像朱熹的理学则更注意将这一点“诚明”赋予客观的意义，说明它们也有一种“天经地义”或者说“天理”的客观普遍意义。

我们读孔子及儒家学派的言行生活，印象最深的还是其中蕴含的一种人文的涵泳和友爱的精神。

在《论语》的开篇首句，我们就读到“学而时习之，不亦说乎”，这是个人的学习；然后是“有朋自远方来，不亦乐乎”，这是同道的切磋，是更本源的，而朋友之间互相吸引，也正是先有自我学习的基础；再后是“人不知而不愠，不亦君子乎”，这是指世人不知，君王不用，但也就是“不愠”，并不懊恼抱怨。

孔子不能建立起一个理想的国家——这得有赖于诸多的外界条件，但他建立起了一个理想的学园。他和他的弟子在一起，既有为师的尊严，又有学生的活泼；有个性的差异，也有共同的人文爱好和互相之间的尊重，他们的讨论也是平等祥和，自由抒发的。我们看孔子与弟子那场“各言其志”的对话，弟子们畅所欲言，前面三个回答问题时说的都还是治国安邦之志，弟子曾点仍然在弹着琴，只是在问到自己时才慢慢停下，最后戛然而止。曾点说他的理想只是在春天的时候，有一天可以脱下冬天厚重的衣服了，穿上做好的新单衣，十来个人，到河边洗濯，玩完水，在树林里沐浴着凉爽的风，然后高高兴兴地唱着歌回来。孔子大赞，说我的志向和你差不多。

以前读此段时，以为这只是孔子一时的心情，是暂时的从容和潇洒，细细品味，加上读朱熹的解释，现在才悟到这实际是在讲人生的最高理想，或者说人生所能达到的最高状态和境界。人比他做的事情更重要，而在人做的事情中，人文的涵泳又比政治的抱负更重要。

这并不是说孔子不关心政治，不图安邦治国，但比起人生的最高理想来说，政治甚至也还是“人事之末”。这里实际说的是一种最高的人生气象，即在努力奋斗之后，归于从容，融于自然，融于普通的日常生活欢愉，天人合一，师友合聚，享受生活与自然之美。当然，这并不是说人生一开始就这样，或者始终都耽溺于日常生活的欢愉，人还需在社会和政治生活中尽力而为，尽责而为。如果没有前面的充实之事，那就只是从简单到简单，从平淡到平淡了，而现在是一种复归。从平淡进入绚烂是人生的一种境界，而由绚烂重归平淡则是生命的一种更高状态。

儒学本就是“为己之学”，“内圣”要高于“外王”。“耘己之田”胜于“耘人之田”，即更重视拔除自己内心的杂草。当此时，自己内心杂念尽除，看自然界也是天理流行，随处盈满，到处生机。如朱熹《论语集注》此条所言：“故其动静之际，从容如此。而其言志，则又不过即其所居之位，乐其日用之常，初无舍己为人之意。而其胸次悠然，直与天地万物上下同流，各得其所之妙，隐然自见于言外。视三子之规规于事为之末者，其气象不侔矣，故夫子叹息而深许之。”

周易《彖》曰：“贲亨，柔来而文刚，故亨。分，刚上而文柔，故小利有攸往。刚柔交错，天文也。文明以止，人文也。观乎天文，以察时变；观乎人文，以化成天下。”儒家的全面理想可以说是“观乎人文，以化成天下”。他们读书求学，观察世界，他们看到的是一个充满差异和富于生机的自然世界和人的世界。他们在“人文”的个人层面尤其重视使自己努力向上，努力向圣贤看齐，成为道德和文化修养俱佳的君子；他们在“人文”的社会层面又尤其重视“人伦”，特别是亲人之间的关系，“仁爱自亲始”。

他们也的确在某种程度上实现了这一理想。他们通过自己的学习和社会的教化使中华人文连绵不断，也通过政治的制度实现了“学而优则仕”，让政权向社会开放。他们在家庭和家族的层面无比重视血缘和亲情，却又能在政治上层治理的层面斩断亲族对权力的垄断和世袭，这是很难办到的一件事，但他们还是办到了。

当然，现实和理想还是会有一定的距离。他们在传统中国与其他文明相对隔绝的历史条件下，还不能解决君主的世袭问题，他们也不可能将所有人都提高到他们的人文教养水平。但达到他们的成就已经很不容易了。

贯穿两千多年，我们还是不断看到儒家学派这样结为同道的人文涵泳。一位儒学大师，得到公认，产生吸引，所依赖的是自己的学问而非掌握的权力。他们或者会讲，或者论辩，或者传习，不仅有各种书院，有时大师在山林中结庐而居，如陆象山、王阳明，就会有一些弟子从千百里之外赶来，也盖起草棚，甚至就住在山洞，他们过着简朴的生活，在林间漫步。

孔子对物欲采取的是一种节制而非禁欲的态度。他说："富与贵，是人之所欲也，不以其道得之，不处也。贫与贱，是人之所恶也，不以其道得之，不去也。""君子谋道不谋食。君子忧道不忧贫。"孔子不拒绝快乐，即便是处于逆境，也还是能保持一种平和快乐的心境。

对于人与人的关系，孔子最重视的是人伦关系，尤其是父子、夫妻的关系，并将忠孝连接。仁者爱人，但仁爱自亲始。至于一般的人与人关系，则强调"恕"，子贡问："有一言而可以终身行之者乎？"孔子回答说："其恕乎！己所不欲，勿施于人。"更进一步则是："夫仁者，己欲立而立人，己欲达而达人。"

对于德性，最重要的是仁、智、勇三德。"士志于道"，"君子怀德"。它们发自内心，表现在行为上："仁者不忧，知者不惑，勇者不惧。""志士仁人，无求生以害仁，有杀身以成仁。"他也注意各种品行的平衡，即"中庸之道"。

孔子对待宗教鬼神的态度，也鲜明地体现出一种人文主义的态度。"子不语怪力乱神"，之所以如此，是因为"未能事人，焉能事鬼？"但另一方面，他又"祭神如神在"，尊重社会的习俗，既然有许多人相信，那么祭祀神的时候就仿佛神就在那里。对待死亡，他说过"未知生，焉知死？"马厩着火了，他说:“伤人乎？”而没有问马的情况。当然，这是人道，也是一种以人类为中心的人道。但正如上言，他最终追求的是一种“天人合一”的境界。

6. 道法自然

道家的代表主要是老子和庄子。《道德经》五千言可以说是先秦乃至所有传统文献中最具有哲学玄思色彩的一篇。而《庄子》则将思想与文学糅合在一起，汪洋恣肆，瑰丽华美。《老子》一书对“道”的本体论述较多，也涉及一些政治哲学的内容。而《庄子》一书则主要是阐述一种人生哲学。

老子与庄子的生活比起儒家之士来更个人化，更孤独，更隐逸。我们甚至不是很清楚他们的生卒和事迹。老子最后出关，飘然远引，不知所终。庄子的生平我们也不太清楚其究竟。他们似乎不怎么需要外界的力量来生存，他们思想的影响也是自然而然发生的，没有什么人为的痕迹。但他们内心的力量一定是很强大、非常自足的。

他们对社会政治不抱过高的期望，甚至不抱什么期望，个人更不直接参与政治。《老子》即便提出了一些政治方面的建议，也是清静自治。但他们和自我、自然无疑有着更亲密的关系。

先秦的道家之士特立独行，也可以说很精英化。他们没有老师，对道家思想的接受可能是偶尔得到的文字和传言，而不是通过人的宗师，最重要的还是他们自己的体悟。他们没有门徒，甚至同道也不甚往来。他们不结学派，更没有党派。他们偶尔遇见像孔子那样的人，大概还是有“惺惺惜惺惺”之意，也许出来劝讽几句，但话也是点到即止，说完即走，再也不见踪影。

后来像魏晋时期的道家之士，彼此倒是会有较多的一些交往，在一起谈玄论道。他们常常是出身贵族，不愁生计，也有地位，自有家族的贵荫。但历代更多的道家之士还是隐居为多，“二十四史”不绝如缕的隐士类传，记录的大多就是道家之士。

道家在老、庄时代就似乎把话差不多说完了。后来再没有特别伟大的道家思想家和独立著作。但是，道家的思想影响深远，更多的体现在人们的行为和生活方式之中，日后我们在中国历史上多见有道家风骨的人。不过，道教和道家是两回事，道教通俗化甚至功利化，走了吸引多数人的路，道家则始终保持一种少数文化精英的色彩。

《老子》认为“道”是万物的本原。“道生一，一生二，二生三，三生万物。”道是统摄。“道”是根本的价值或价值之源，是人应持有的最高追求。人之道要仿效天之道，即仿效自然。道法自然，要通过无为而达到有为。

先秦诸子百家其实差不多都将“道”奉为本原，但它们所理解的“道”自然含义不同，而且也慢慢不直接用“道”的概念了。但道家，尤其是《老子》则始终将“道”放在论述的中心。

《庄子》中谈到了战国时期“道为天下裂”的情况，就像现代社会中价值分裂为多元，而《老子》还按照自己的观点叙述了这一失去“道”的过程，那就是：“故失道而后德，失德而后仁，失仁而后义，失义而后礼。”

在老子心目中，如果是一个有“道”的社会，其实都不需要后面的德、仁、义了，更不要说再之后的礼，以及老子尚未提到的法和刑了，人们自然而然地就能够按照天道来生活。而如果不能恢复这样一个有“道”的社会，也不要强调礼义教化，而是要仿照自然之道，清静自化。可以说，老子即便不是主张无政府，大概也是会赞成小政府的。

因此，老子也是不重视学习和教化的，尤其是对老百姓。他认为“为学”与“为道”是背离的。“为学日益，为道日损。”正确的道路不是前者，倒是后者，“损之又损，以至于无为”。他甚至认为含德之厚，莫如赤子。

如果说老子对政治的态度还不是完全拒斥，而只是强调清静无为，庄子对政治就是完全轻视以至于蔑视了。他不仅自己拒绝做官，还认为人类最好的状态其实是一种自然状态。《庄子》的《马蹄》篇中描述了他认为美好的上古时代，那时山野里没有修筑的大路和隧道，水面上没有船只和桥梁，各种物类共同生活，人类的居所相通相连而没有什么乡、县差别，禽兽成群结队，草木自由地生长。人类跟禽兽一样，跟各种物类相互聚合并存，“含哺而熙，鼓腹而游”，不分什么君子小人。

至于个人，庄子也赋予了人生理想以人格的形象。《庄子》的《大宗师》中写道：古时候的“真人”，不逆着少数，也不高居于众人之上。过去了的事情都不后悔，有什么幸运也不得意。水火不侵，高低不惧。甚至睡觉时不做梦，醒来时也不忧愁，吃东西不求甘美，呼吸时气息深沉。不为生存快乐，也不厌恶死亡；生不欣喜，死不推辞；自由自在地来，无拘无束地走。甚至不记得自己从哪儿来，也不寻求自己往哪儿去。不管承受什么际遇都欢欢喜喜，忘掉死生像是回到了自己的本然。不用心智去损害大道，也不用人为的因素去帮助自然。像这样的人，他的内心实际上已经忘掉了周围的一切，容颜淡漠安闲，面貌质朴端严；神情嵬峨而不矜持，好像不足却又无所承受；态度安闲自然、特立超群而又不执着顽固，襟怀宽阔而又不浮华。他们有时冷肃得像秋天，有时又温暖得像春天，喜怒跟四时更替一样自然无饰，和外界事物合宜相称，没有谁能探测到他们精神世界的真谛。

《庄子》中还写到了“至人”“神人”，这就更文学，更浪漫、更理想化了。如其说："藐姑射之山，有神人居焉。肌肤若冰雪，淖约若处子。不食五谷，吸风饮露。乘云气，御飞龙，而游乎四海之外。"还写到了"至人"："至人神矣！大泽焚而不能热；河汉冱而不能寒；疾雷破山、飘风振海而不能惊。若然者，乘云气骑日月，而游乎四海之外。生死无变乎己，而况利害之端乎！"人生最高的境界是："天地与我并生，而万物与我为一。"

那么，一个人能否达到这最高的境界或者说得"道"呢？或者说，人要经过什么样的途径才庶几能接近于这"道"呢？庄子并不认为多数人能达到或接近于这"道"，其还是需要有很高才具和悟性的，当然，其途径也不是通过人文典籍的学习而获得。在《大宗师》的一个寓言中，南伯子葵问女偊："你的岁数已经很大了，容颜却像孩童，这是什么缘故呢？"女偊答："我得'道'了。"南伯子葵说："'道'可以学习吗？"女偊回答说："不！怎么可能通过学习来得道呢！像你就不是可以学道的人。能把圣人虚淡的心境传告给具有圣人才气的人，才是容易的。像卜梁倚有圣人明敏的才气却没有圣人虚淡的心境，如果我用虚淡的心境来教导他，恐怕他也还能成为圣人。"而这过程可以分为三步：

第一步是先忘掉"天下"，即忘掉社会和政治；

第二步是再忘掉外界的"万物"；

第三步则是忘掉"自身"的存在。

如果连“自己”也忘掉了，而后心境便能如朝阳一般清新明彻，就能够感受那绝无所待的“道”了。既已感受了“道”，就能超越古今的时限，进入无所谓生、无所谓死的境界了。这样一个得“道”的人也就无所不送，无所不迎；无不有所毁，也无不有所成了，这就叫作“撄宁”，意思就是不受外界事物的纷扰，始终保持心境的宁静。

儒家从绚烂归于平淡，道家则希望自始至终地保持这平淡。“夫恬惔寂漠，虚无无为，此天地之平，而道德之质也。”对于最后的死亡，人就像自然万物一样物化，像落叶一样随风飘落。“圣人之生也天行，其死也物化。”人将融于天地万物之间，来自自然，也返回自然。所以，人死了甚至可以“鼓盆而歌”，生也欢乐，死也欣喜。

道家的“至人”“神人”可能并不容易仿效，却可以说为中国人的人生提供了一种不拘于成败得失，乃至不拘于人文政治、最为宏大和长远的人生眼光。各种政治的斗争、军事的战争在这种眼光面前就显得比较渺小了。

人们如倾心读过《秋水》的汪洋恣肆，读过《逍遥游》中的鲲鹏展翅，再看人间的战争是会相当不屑的。真正信奉道家思想的人，可以说会对一切达观，对得失达观，对成败达观，对苦乐达观，对生死达观。一切都不执着，一切自然而然，一切都可以放下。当然，也可能会有人假其之名，为自己的无能和慵懒辩护。

不论是当朝的儒家，还是在野的道家，都是讲节制和淡化物欲的。而且，即便是儒家的士大夫，也有许多心底是住着一个道家的。像庄子那样的道家之士心里不会有儒家，甚至对儒家的思想与圣贤加以挞伐，但《庄子》有时也假托孔子之名叙述自己的思想。儒道常常可以互补，进则为儒，退则为道。还有些人如王阳明则是开始浸淫于佛老，后来仍归于儒。

在传统社会，一个人的一生从幼年开始，要经历多少约束和管教？进入社会，又要经历多少诱惑和压力？道家思想不失为一个舒缓的出口。从人类文明发展到今天来看，人又发展起多少机事和机心？道家思想时时叮嘱我们不忘天道与自然。像西方的一些大哲如海德格尔晚年对道家思想发生兴趣不为无因。

第三章 人与物

我们的精神飞扬在空中，但双脚还立在大地。我们应该将我们最好的产物——意识和精神之花——也用在最好的地方，用得不仅让我们自己活得像一个体面的人，也让所有的生命、所有的物都各得其所。

1. 单纯和珍贵的好奇心

原始人生活在世界中，每时每刻都要应对各种具体的物体，要利用它们，防范它们，有时要吃掉它们，有时也不幸被它们吃掉。人们有各种巧妙的利用，如削尖木棒，打击石器，观察一些动物，看是否能够偷偷接近并猎取它们，听一些动物的叫声来判断危险是否临近，尝试哪些植物能吃、哪些不能吃，等等。

假如，有一天有一个人有了一些空闲，他突然想起一个问题：这外在于他的万事万物，是否都由一个原始的东西构成？这个东西就是世界的元素或始基。所谓“始基”，就是指所有东西都是由它构成，最初是从它产生的，最后又回到它那里。事物改变的只是形状，本质元素的东西并没有改变。

他想这个问题不会对他采集和狩猎有什么直接的用处，几乎可以说只是满足他的好奇心。但他持续地想这个问题，并试图给出一个答案。那么，这个人就几乎可以说是最早的

“哲学家”了。但这些思考没有记录下来，他也没有持续地想这个问题。

到了农业文明阶段，一些人的闲暇大大地增多了。他们最早想的问题可能是这世界的基本成分是什么，还没有开始想这个基本元素是怎么来的，这整个世界是怎么来的，这世界如此构成的原因是什么。而且有了语言文字，就可以记录、交流和争辩了。于是就真的有了最早的一批哲学家。

我们可以设想古人所看到的世界，其实也是今人朴素地看到的世界。

首先，人们是生活在大地上，而大地上面有天空。即首先是“天地”。所以有时说“天地”就是指“自然”了。而天上有太阳、月亮和星星，看来很有规律地在运行，天空中看来有云彩，有构成云彩的大气。大地上主要是土，还有木、水、石等。大地上有四季，看来也是在周而复始地运行。水火似乎介于两者之间，雨水从天上落下来，但似乎又是由地上的水蒸发而成。地上有湖泊与河流，更有广阔无垠的大海环绕大地。闪电产生火，但火也在大地上燃烧。大地上当然也有动物，但动物似乎反而是最不能够构成始基和元素的东西，动物死了就变成灰土，植物死了也是这样。活着能动的东西、有生命的东西反而是不能持久的。而那些不能动的，甚至没有生命的东西看来反而是持久的。有生的东西都有死。而没有生命的东西似乎没有死。大地之土似乎永远是这样不生不死。水和火会产生也会消失，但不像动植物有固定的形状。古人还不太了解土中的微生物。但看到从灰土中加上水、加上阳光（火或者热），还有空气，就又可能产生生命了。

那么，古人们面对的就是这样一个世界，其中一些人就这样开始了哲学的思考。他们首先想到的还不是人，那时人和世界还混合在一起，更重要的任务还是如何面对外部的世界。

对于世界的要素是什么这个问题，各个文明的人都有猜测。他们开始还是以自己能够感觉到的物质性的东西来提出这个始基。中国人提出了“五行说”：金、木、水、火、土。“水、火、土”作为世界的元素比较好理解，“金、木”有点怪，这可能说明这两种东西对当时的人们很重要。且后面可能还有“阴阳之气”作为更为根本的始基或者动力。

古希腊人提出了“水、火、木、土”，但还有人提出了不可见的“无限”“原子”“数”。从纷繁的“多”追溯到“一”是一大进步，而将这“一”理解为人的感官不可见的物体，可以说又是一大进步。但如果只是给出一个名词而无说明，也可能是一个偷懒的办法。

一个最早的中国人——据说是伏羲——也抽象地画出八卦，他试图模拟世界的结构，这是一个大进步，而后来的一个人——据说是文王——又从这八卦中演出六十四卦，这是一种更高更复杂的抽象。

我们注意一下，他们为什么将这些元素视作世界的始基？是什么原因使他们将“水、木、火、土”视为世界的基本元素呢？他们的眼光可以说代表了我们人类的第一眼。

泰勒斯认为水是万物的始基。当然，这个看法不仅仅是他一个人的看法，比他更古老的崇拜海神的神话传说有类似的看法。

泰勒斯为什么会将“水”看作万物的始基呢？

可能是他看到许多生命都是从潮湿的东西产生的，动物和植物的机体内都有水。水提供养料，滋润着万物，变得干燥的东西往往就死了。还有，他生活在海边，不仅海洋中有无数生物，他可能还感觉整个大地都是浮在水上的。曾经有人说希腊各个城邦围在海边就像青蛙围在池塘边上一样。殖民的地方都要有水。容易与水作为始基这一想法产生矛盾的是水与火的关系，水火不容，难道火也是从水产生的，又复归于水？但他谈到了热，他看到有些热也可以从潮湿产生，大概是指发酵生热，而潮湿还能保持热。

其他哲学家将物质性的东西看作万物始基的还有：阿那克西米尼认为是气，赫拉克利特认为是火。阿那克西曼德认为是“无限”，毕达哥拉斯认为世界的本质是“数”。恩培多克勒则加上了土，认为是水、气、火、土四种元素构成了世界，并认为有爱与恨两种力量推动着它们的分离与组合。后来的德谟克利特认为始基是不可分割的原子。还有人提出了全知全能、无限和不动的神。

我不打算讨论更进一步的哲学的抽象以及神学，而只是讨论他们对世界万物的最初认识和猜测。而就像赫拉克利特所意识到的："自然喜欢躲藏起来。"他们也不仅是凭感觉和观察，他们还在努力地思考。甚至像巴门尼德与阿那克萨哥拉等都认为感觉是靠不住的，只有通过理性才能认识世界，他们还区分流行的意见和真理。真理并不因为相信的人多就成为真理，而是因为其真。但在当时的科技条件下，他们还是只能尝试通过理性来猜测，尽量给出看来合理的解释，而无法根据更好的工具的观测结果和实验的结果来验证和推理。

对于太阳、月亮、星辰是什么，古希腊最早的哲人也有种种猜测。阿那克西曼德猜测月亮自己不发光，只是反射太阳的光。他还猜测人是从另一种动物变成的，即由鱼变成的。的确，这些只是猜测，却是天才的猜测。我们甚至不知道他们是怎么猜测出来的。

我大概也可以仿效狄更斯的话说，这一时期人们对世界的认识，是一个最好的时代，也是一个最差的时代。从科学的验证和知识的累积来说，这是一个最差的时代，一切都是观察和猜测，无法得到实验手段的验证。但这也是最好的时代，没有什么先决的东西阻断人们去用非常朴素的眼光观察、猜测、思索乃至想象这世界。他们单纯、好奇的探索也不带任何功利的目的。他们有比我们现代人更纯粹的求真之心。这些先哲就像德谟克里特说的那样，只要能找到一个解释，就比做波斯人的王还好。

感官给了我们许多错觉，在没有理性的科学之前，多少代人以来，我们的感官似乎都在告诉我们，太阳每天在东方升起，每天在西方落下，所以我们就觉得太阳是在围绕着我们生活的大地旋转。我们以为在黄昏时候亮起的长庚和黎明时候亮起的太白是两颗星，但它其实是同一颗星。我们有赖于理性的科学，明白了许多感觉其实是错觉，同时也失去了许多浪漫。

科学，尤其是作为基础理论的科学就是基于这样一种好奇心。而技术又是基于这种科学，当然除了实用的考虑，其发展也包含着无数的好奇心，只是不再那么纯粹。

这样一种好奇心在一些人那里如此根深蒂固，即便没有利益，他们也会去探求。即便这探索的过程非常辛苦，甚至会给本人或人类带来危险，也还是会有人去探求。就像近代的伽利略、哥白尼，或者当代的基因工程和人工智能的科学家。即便斩断利益链，也还是有人会去探求，满足自己不可遏制的好奇心。谁能阻止科学的脚步？在漫长的农业文明阶段，虽然社会的价值观并不怎么鼓励对物的利用心和支配欲，但还是有了许多伟大的技术发明，也保持着科学的进展。

当然，在近代价值观发生变化之后，人对世界的索取和征服之心大大地加强了，科技和经济也就大大地发展了。不仅出现了工业文明，而且现在我们可能正在进入一个新的、加速度发展的高科技文明。好奇心可以说是已经与利用心和支配欲不可分离地紧密结合在一起了。

那么，曾经对人来说那么单纯和珍贵的好奇心，或者说今天被利用心和支配欲大大加强了的好奇心，对人类的未来是福是祸？无论如何，今天的科技和经济发展已经将古人无法想象，而且还在不断加速增长的巨大的物质力量交到了心灵和道德却无大变——甚至不管怎样努力，也没有可能大变——的人类的手里了。

2. 我们怎么知道外部世界确实存在

在叙述了上一节的内容之后，这个问题可能会显得有些突兀和奇怪。难道对外在于我们的世界万事万物的确实性还有什么可以怀疑的吗？而且，我们不是已经在相当程度上实际地掌控了它们吗？当然，特别奇特的一点是：哲学家在提出质疑和反复讨论这个问题的时代，恰恰也是我们对物的掌控进步最快的时代。这两者之间难道还有什么联系吗？

这个问题的确是在近代以来才出现或者说变得突出的。为了追求一种对真理性认识的确实性，笛卡尔试图将我们所有的认识，所有先定的接受的常识、见解、理论都打上问号，即怀疑一切定见的确实性，这时只剩下一件事情是确实的，即我在怀疑，我在思索。正是因为这种思索，我才确知到我的存在，也就是“我思故我在”。在笛卡尔那里，虽然这并不意味着就要因此否定外部世界的确实性和上帝的存在，但是，这是一个决定随后一切正确认识的出发点。而从这个出发点，也可以走与笛卡尔不一样的路，继续怀疑外部世界的存在，或至少外部世界，也包括人的生活世界的规律性的存在，或者说世界本质的存在。

这就是说，从这个出发点，是可以导向人对物理世界的无限求真的精神的。它可以成为一种强大的动力，人们想弄清物质世界的真相，但是，它也是可以导向人文世界的相对主义，乃至彻底的怀疑主义和虚无主义的。我们在二十世纪的萨特的《存在与虚无》中就可以看到这种倾向。他也是从“我思”出发，人即意识，意识即对世界的虚无，世界其实是荒谬的存在。这虚无拥有一种绝对的自由，任何情况下都可以对世界说“不”。但这虚无还是虚无，“人是一堆无用的感情”。但再无用的人也可以自由地选择自己的“本质”，可以介入和战斗。这种主观性的倾向不仅影响到一般的存在主义，也浸染到近代以来的整个西方哲学。

与人对物质世界知道得越来越多、人对外物的把控力量越来越强的情形构成对比，人对自己的本质却越来越没有把握了，甚至对自己越来越没有把控力了。真理隐退，意见流行。

无论接不接受“我思”这一前提，或对它做出各种不同的回答，至少，对“外在于我，外在于我的意识的世界是否确实存在？”这个问题不可能再绕过去了。

要比较古典生活世界和现代生活世界的思想氛围，我们可以试着继续探讨柏拉图的“洞穴”寓言。我们假设那个走出洞穴的人看到了外面的世界，看到了太阳，和在洞穴中的人们只看到影子相比，当然就觉得是看到了真理。但是，假如他真的把洞穴中的人都带出来了，或者就自己逗留在这外面的世界，他继续凝思这新的日光下的世界，久而久之，他会不会再发生怀疑，这太阳是真实的吗？这大地是真实的吗？这日光下的世界会不会仍旧是假象和影子？因为我还是只能限制在我的意识范围内思考，我现在所看到的一切会不会仍旧是虚幻，或者是某一个超越的存在，是某个唯一的神的计划的一个判断，乃至是他的一个梦境？我们是不是无法再往上走了，是不是无法再理解他的计划、他的梦境？还是会有一个“人”来告诉我们真相，带我们走出这外面世界的“洞穴”？但与这种尚存希望的情况相比，更可能的情况是：我们不再希望。我们认为这外面的世界处在一种不确定的状态之中，而我们要尽量在不确定的世界中寻求满足，寻求欢乐。

事实上也可以说，人类早已在这外面的世界上，芸芸众生早就在这日光下的世界上了。开始大家都不怀疑，但后来开始有一些人怀疑这外部世界的存在，这种怀疑甚至扩展得越来越广。人们也怀疑人类文明的各种建制：国家、制度、城市、学校等，都是一种拟制乃至虚构。

当然，我们也可以放低期望，持一种底线思维。我们现在再来假设另一个“哲学家洞穴”的寓言：一个哲学家“闭关”在一个洞穴内，洞穴上顶的缝隙里有微光透出和空气进入，在这洞穴里只有一大筐苹果。这个哲学家将被封闭在洞穴内半个月，有一个机械装置，他可以每天推动转环的一个刻度，但每天只能推动一次。推完十五个刻度之后，洞穴的门会打开，他就能够从洞穴出去了。

好吧，假设我就是那个哲学家，现在我可以对着这苹果来“格物致知”了，这苹果真的存在吗？它的本质是什么？我正在想弄清物的本质，弄清外物是否真的存在。

我不知道它们是否的确存在，或者像我看到的那样存在，我凝视它们，尽量想看清楚它们；我也反思，想弄清它们的本质。

我可能无法用理性的推理或证据来说明它的真实存在和本质，但我知道，这些天如果吃了苹果，我就不会饿死；而如果不吃，我就会饿死。

我已经饥肠辘辘，我必须吃它们了，我吃了一个，马上就尝到了甜味和水分，感到肚子不那么饿了。的确，我不知道除了我的感觉、意识之外还有什么东西存在。但是，我吃了苹果，马上感到了津甜，我就有了力气，也可以去推动那转环了。

这新的津甜的感觉是从哪里来的？肯定不是仅仅从我原来的感觉和意识产生的，还有另外的东西加入使我产生了这一感觉。的确，它还是我的感觉，但没有那个外在的东西存在，且没有“吃”这个动作，这种津甜的感觉肯定不会产生。我的力气也不会产生。一种外在的东西变成了我内在的东西。我的身体需要，并且也能够接纳它们。

对于一个生活者、实践者来说，这是不是就够了？即便我仍旧不知道它的本质。

我们现在知道，至少我们的感官对一些东西是看不到的，比如红外线；也有一些东西是听不到的，比如弱于或超出某个分贝的声音；我们还有一些东西是闻不到的，反而一只猎狗能够闻到；有些动物有比我们更好的在黑暗中的视觉，比如猫头鹰。我们还知道我们有些身体的感觉，但有些鸟类有比我们更好的方向感等。除了我们直接感觉到的，还有我们处理这些感觉经验的意识也是特殊的，是属于人的意识，这种处理可能是我们的优势，但也可能是我们的弱势。

我们的确就限制在我们的感官经验里，甚至就限制在我们的内心里。

我们在谈论外物是否真实存在的时候，是在谈一种认识，但认识怎么可能没有主体？除非这认识的主体是一个全知全能的上帝，否则又怎么可能不受限于他（它）的感官和意识结构？

除了内在于我的感觉和意识，肯定还有一些外在的东西存在。哪怕我不知道那存在的东西究竟是什么，不知道它的本质。这或许就是现象学所说的“意识的指向性”，意识不仅意味着意识本身，还总是指向某种外在的东西。我们可以不清楚这东西的本质，可以画上括弧，存而不决，但它的确是存在的。而且，它可以使我们感觉和意识的内容发生改变。

这是不是外物和他人存在的足够的证明呢？

我们可能要反复地说：对于我们的生活来说，这就够了。

除了认识，还有实践。除了求真，还有求善和求美。除了物理意义上的生存，还有更广阔的生活。

我们不妨将卞之琳的一些诗句演绎成一个故事：

> 你站在桥上看风景，
> 看风景的人在楼上看你。
>
> 明月装饰了你的窗子，
> 你装饰了别人的梦。

假设“你”是一个年轻的衣袂飘飘的哲学系大学生，那是你每天匆匆经过的桥。而今天你却在桥上驻足了，在桥上看着河流和船，还有街市的风景。但你又实际上不是看这风景，而是在想上午教室里哲学教授所讲的问题：“我们怎么知道外部世界确实存在？”你陷入了沉思：“我眼前看到的这一切是不是真实的呢？我怎么知道它们是真实的呢？”你甚至慢慢地见无所见，但思有所思。

这时也有人在楼上看你，你看见了你所目睹的风景，别人也看见了看风景的你。你也成了别人的风景。

你开始可能不知道有人在偷偷看你，但后来偶然的一眼让你知道了。你也看见了她。你想起以前也看见过她。那是一个美丽的少女，你甚至也看到了她的含羞一瞥。你们的目光有了一瞬间的交流。你读到了她眼里的含情脉脉。

到晚上的时候，你回到了你的屋子，你看到了窗外的明月，你想起了白天的情景。

明月装饰了你的窗子，它发出清冷却也柔和的光芒。它似乎离你的窗子很远很远，但也很近很近。

而你知道，你今夜可能进入别人的梦境。你同样有些怀念那个少女，她也可能进入你的梦乡。

一个美好的情景，一个可能引发更美好的故事的情景。

但是如果以真实性来衡量这一切呢？

这里就集中地来谈“明月”吧。我们怎么知道这“明月”是真实的呢？今天的人们的确已经知道，“明月”其实是不真实的，它是一个不发光的物体。它离我们非常遥远。我们的感官欺骗了我们。而当我说这些的时候，我虽然否定“明月”的真实性，却还在肯定“月”是存在的，但如果这“月”也是不真实的呢？我们不是仅仅凭我们的知识——那也是囿于我们的感官和意识的知识，才认为它是地球的卫星，是一个离我们三十八万公里的不发光的物体吗？但它真的是如此吗？

另一方面，无论真实性如何，“明月”的确又是存在的，即便是在我眼里存在，在我心里存在。

还有一种实用的存在呢？这里且不讨论身心之间的复杂联系，但我感到这种联系实际是存在的。我如果想出门，马上就能够出门。而“明月”对我首先有一种实用的意义，它不仅能够照亮我夜行的路途，我还知道它能够帮助我们确定晨昏和方向，还能帮助我们确定季节和月历，帮助我们春种秋收。

但“明月”不仅是实用的，它还能使许多人产生一种直接的美感，激起许多作家的创作灵感，而这些创作又能再次唤起我们多种多样的感情。古往今来，有多少诗人写下了吟咏明月的诗篇？“床前明月光，疑是地上霜”唤起了一种思乡之情。“秦时明月汉时关”唤起了一种思古之情。“举杯邀明月，对影成三人”唤起了一种寂寞、豪放之情。“明月松间照，清泉石上流”唤起了一种动静有致的幽美之情。

“明月”的世界是一个诗意的世界。诗在远方，也在近处。在人，也在物。我们睹景思情，睹物思人。

而环绕我们的外物、自然界的许多物体，对我们有同样的意义：实践的意义，唤起我们的各种情感的意义，唤起我们的美感和灵感的意义。

这时，你可能会说，去他的哲学吧。就让那些哲学教授们去探讨这一切是不是真实的吧。我要出发，要循着月光下的路途去寻找那人那爱。那将可能导向一种美的生活。

3. 现代物欲的由来

人必须从外物获得营养与能量，人没有物欲就不能生存。

即便在农业文明的时代，人类也还时常面临生存的危机，或者处在一种长期的物质匮乏之中。这原因有突然或连续的天灾，人类“自作孽”而导致的“人祸”，比如战争，还有人口的持续性增长，以及精神性价值对经济动机的过度压抑等。

有两位法国历史学家杜比（Duby）和芒德鲁（Mandrou）在他们合著的《法国文明史》中描述过公元一千年前后人们的生计情况：“农民都饿得半死。挖掘出的尸骨中可明显见到长期营养不良导致的结果。牙齿的磨损显示出他们曾经吃草，患有软骨症，高比例地早夭……即使熬过婴儿期的少数人，其平均寿命也不超过四十。时不时的，粮食的匮乏情况更加恶化。有时饥荒持续一两年。史学家们记录了这一灾难赤裸裸的骇人景象，颇为过分地表现出人吃土、卖人皮的画面。当时几乎没有金属，铁是保留作为武器之用的。”

但我们现在要讨论的是我们身处其间的现代社会流行的强大物欲。

人们的物质生活水准在近代工业革命之后，尤其是在二十世纪可以说有了大幅的提高。福格尔在二〇〇〇年出版的《第四次大觉醒及平等主义的未来》中写道：“一个世纪以前，只有 10% 的最富有者能够享受到如今贫困线所确定的收入水平。”

早在二十世纪五十年代，《两种文化》的作者斯诺就曾指出，拜科技文化之赐，今天哪怕是一个普通的女工，也可能比百年前的王宫贵族生活在一个物质上更为便利的环境中。

经过最近六七十年的高科技发展，人们的物质生活水平有了大幅的提高，以至于《人类简史》和《未来简史》的作者赫拉利认为，人类已经基本消灭了饥荒、瘟疫和战争。死于营养过度比死于营养不良的人要多得多。

但是，高速的经济发展也带来了环境的污染、社会的两极分化、消费主义盛行等新问题，一些人开始追溯原因。一种主流的解释认为，这是由市场和资本的贪婪造成的。资本为了获得最大的利益，不断地刺激消费，包括制造出新的、更高的消费品种，将许多过去被视为“奢侈”的消费也变为

“必需”的消费。

市场经济的确会刺激物欲，资本的本性也的确会追逐最大的利润。但这是不是根本的原因呢？在这后面，是否还有更为强大的物欲动机在持续地起作用呢？市场和资本是否不仅在导引，也是在迎合这种强大的动机呢？这种强大的物质动机是否不仅在少数拥有资本者那里起作用，更在多数或大众的层面起作用呢？

人类在由传统社会向现代社会转换的过程中，有一个主流价值观的巨大转换，从“学以成人”乃至“成圣”转向了“学以御物”“学以享物”。如今我们的学习首先考虑到的是收入丰厚的职业前景。

这首先从知识重心的转变开始。近代之初《新工具》的作者培根曾经谈到，在过去的十多个世纪，知识的重心是考虑精神生活和人际关系，而不是考虑如何驾驭物质，即不是“向外用力”而是“向内用力”。那些最聪明、最智慧的人，不是在考虑如何获得财富，而是在考虑如何在精神和道德方面上升到更高的层次。

但是，今天的时代英雄或社会楷模已经不再是儒家的人文君子，也不是西方中世纪的圣徒，而是在发明、管理物质生产和高科技产品中取得巨大成就的人，比如比尔·盖茨、乔布斯、马云，以及在“注目经济”中能够吸引众多注意力和交换价值的体育、娱乐明星。

追求物质利益和幸福的动机本身并不就是“恶”，它毋宁说是中性的。人都希望过一种“人之为人”的体面、像样的生活，而这需要物质的保障。

问题是我们是否还能在“人之为人”的生活中上升一步，比如说在达到了像样的物质生活之后，是否还能达到像样的精神和艺术生活。

但似乎现代人并不关心人的素质的全面发展，而是继续在逐利的道路上前行，不断地追求更多、更好的可供享受的物品。以至于一些人会提出这样的问题：多少算够？

可能就没有够的时候。

但有些问题已经摆到了面前，这就是上面所说的环境问题、社会问题，乃至出现了给人们带来巨大方便和效率的人工智能，是否有一天也可能结束人类作为“智人”的历史的问题。

一些人看到了社会的分化，希望通过促进福利平等来不断提升那些物质生活状况相对较差的人们的生活水平。这也许可以解决平等的问题，却解决不了物欲的问题，甚至使人们更加紧地盯住物质了。

要解决物欲不断膨胀的问题，必须找到它膨胀的原因。人们看到了市场的作用和后面资本的手，于是就常常认为元凶就是市场，或者说就是这后面的“资本”或“资本的贪欲”，似乎市场是资本一方造成的，市场只是为了满足资本的贪欲。

的确，市场是和平地满足人们不断增长的物欲——或者用一种更好的说法——满足“最大多数人的最大幸福”的最好工具，但它可能只是工具。

是的，这后面还有资本的“贪欲”，资本天生就是要逐利的，它的本性就是要不断地扩大自身。但这也许只是从其中一个方面说明了现代社会成为一个消费社会的动力机制。还有另外更广阔的方面才是更为根本和广泛的动因。

这里我们需要了解“最大多数人”所理解的“最大幸福”是什么。

按照功利主义的理解，它大概就是功利，甚至可以说就是快乐，而这功利主要是指经济的利益，这快乐主要是指物质享受的快乐。

这功利和快乐作为“应当”追求的价值目标是可以质疑的，但用来描述现代社会人们的动机“事实”可能是难以质疑的。

每个人都可以追求自己所理解的幸福，但是，多数人大概会追求物质主义的幸福。陀思妥耶夫斯基在《卡拉马佐夫兄弟》中说，多数人比少数人更注重“地上的面包”，而不是“天上的面包”。

但如果说这是多数的天性，那为什么在传统社会中没有“功利滔滔”呢?

因为现代社会进入了平等的社会。首先是价值观念的平等，即不同的人所持的合理价值观念（即不妨碍和损害他人同样的合理追求）都是平等的，在社会层面不应分出高下的次序，亦即所有人都可以追求所理解的幸福。

但价值平等的结果不就是价值多元吗？我们也常常说现代社会是一个“价值平等多元”的社会。

然而，事实上现代社会自然而然地形成了一个主流的价值观，“价值多元”其实是表面的，实际上价值还是趋于一元——一种物质主义和消费主义的价值观。因为前面陀思妥耶夫斯基所描述的人性中多数与少数的差异，价值平等的结果自然而然地会以多数为依归而形成一个主流的价值观。

这样，我们大概就可以说：现代强大物欲的成因主要是与价值平等有关了。

但这种多数更重视物质的倾向在传统社会中也是存在的，它为什么没有造成强大的物欲呢？我们看一看历史，就大致可以得知：传统社会实际上是存在等级制度和少数人统治的。而少数统治阶层的价值观就成了这个社会的主流价值观。这些价值观——无论是中国儒家的价值观，还是别的社会的宗教价值观——都不是以追求物质利益为最高目的的，都可以说是节制、淡化甚至压制物欲的。

但到了现代，不要说多数裁决的民主社会，就是少数统治的威权社会，也不能长久地违拗多数的追求、多数的渴望，而更可能的还是顺应民意。因为“价值平等”的观念已经广为流播，深入人心。

所以，我们看到现代政治几乎都是以经济为中心，现代政府几乎都会以经济的成就作为自己合法性的一个主要来源。

于是现代强大的合理合法的物欲在根本处起着作用，带来了现代社会骄人的经济成就，让人们过上了“芝麻开花节节高”的物质生活，曾几何时，多少人还挣扎在贫困线上，甚至死亡线上，但它也带来了新的问题，甚至有可能出现大的生态和社会危机以及技术灾难。

真是“兴也物欲，衰也物欲”。

这样，我们就碰到一个巨大的矛盾，一个“难解的结”。一方面，我们看到，价值平等的结果会自然而然地形成主流的偏重物质的价值观，久而久之，甚至会功利滔滔，物欲泛滥。但另一方面，我们又的确认定价值平等是符合道德正当的，每个人都有权利拥有并追求自己所理解的幸福和价值观念。这涉及每个人的自主性乃至尊严感。

我们怎么解开这个“难解的结”？

4. 外物的道德地位

和上一个问题相关的，是我们应该怎样对待除了人之外的自然万物。

如果我们毫不节制人类的物欲，对自然万物而言肯定是一个巨大的乃至毁灭性的灾难。如果它们能够具有一般的意识，肯定要将人类视作“万物的公敌”，就凭你有超越于我们的超强能力，就可以对我们为所欲为？而未来的确有可能出现“超级人工智能”，它的能力将大大地超越于人的能力，如果它具有了自我意识，说我们就按照你们对待比你们能力低的物种的同样行为准则，是不是也可以对你们为所欲为，包括虐待和毁灭你们？如果人类落到这样的境地，那真是“自作孽，不可活”。你也可能说，如果这样，我们也就认了。但我们是不是还可以做得更好一点？

这涉及一个“道德地位”（moral standing）的问题。外在于人的事物是否能够获得一种道德地位，就像人对人一样需要有一种道德的要求？的确，这是比较现代的问题，在农业文明的近万年里，这个问题并不突出，这或许是因为人对物虽然处在优越的地位，但还同处于一个生存竞争的层次。

工业文明出现以来，人对地球上其他所有事物取得了一种绝对支配的优势，人可以轻易地支配它们的生死存亡，这时就不能没有一种道德的考虑了。人对它们能不能为所欲为？还要不要自觉地给自己对物的行为，也像对人的行为一样加上道德的约束？而这些道德约束又应该获得怎样的分量？它们和对人的道德约束应该是一样的吗？换言之，是否还应有超越人类中心主义的考虑？

的确，人与物的关系和人与人的关系不同，人都是具有意识的，他们都能够成为道德的主体，道德的世界其实是一个人们在道德上可以互为主体，也互为对象的世界。但是，其他物没有意识能力，它们无法成为道德的主体。不能成为道德主体的物，是否也能成为道德的对象？

这种对外物的道德考虑首先是从人对其他动物的态度开始的。我们看到其他的动物也具有对痛苦的感受性，也有自己的喜怒哀乐。我们是不是可以无视这一切？如果不能无视，那它们也应该得到恰当对待的根据是什么？

有一个根据与我们最相近的动物有关，尤其是哺乳动物。它们还具有和我们一样的对痛苦的感受性，也有自己的喜怒哀乐。我们难道能够对人类加给它们的痛苦视若无睹，麻木不仁？我们难道不应该将它们从人类长期的压制甚至虐杀中解放出来？它们难道不是也应当获得某种不让自己的生命随意遭到虐杀的、不容剥夺的权利？

另一个根据是涉及所有其他有生命的物体，它们也拥有生命，也会萌生、成长和死亡。人类极其重视自己的生命，种种“厚生”“养生”之道盛行，而其他有生命的物体就不应该得到某种尊重？

更为普遍的一个根据是自然万物，包括无生命的物体都自有其内在的、固有的和自然的价值。自然物，尤其是山川大地有着比人类久远得多的历史，它们不依赖于人而存在，人却依赖于它们而生存。这种依赖性的生存是否就要以任意破坏其他自然物的原生态为代价？

当然，还有从整体上考虑的根据，人和所有的物，和地球上整个自然都处在同一个生态系统之中，我们同属于大地。这是一种整体的价值。其中任何一个物种都不应破坏这种整体的生态系统的价值而自行其是。

这样就出现了“道德顾客”（moral patient）和“道德代理人”（moral agent）的概念。其他自然万物虽然没有人的意识和能力，但它们也应当成为道德的对象、道德的顾客，而人类也恰恰应当善用自己从自然中发展起来的能力和意识，担任自然万物的“道德代理人”，应该承认外物也具有一种“道德地位”，从而在道德上不仅恰当地对待他人，也恰当地对待他物。

我在上面只是介绍近数十年出现的几种主要的生态伦理学观点，各人可以自己进入不同的对外物道德关怀的层次，但至少有一些基本的事情是我们可以思考并考虑去做或者毋宁说不做的。

对我们大多数人来说，大概还是会持一种温和的人类中心主义的观点，首先是以人类的眼光为中心。我们不知道如何从其他动物的眼光看世界，当然我们要努力观察和体会。或者从整个生态系统和大地的眼光来看，我们的确要有一种总体的眼光，有一种“悲天悯人”的情怀，因为，如果生态系统被破坏以至于崩溃，不仅其他动物活不了，人也要自食其恶果。

我们不能不以人类的眼光为中心，但是不是要以人类的利益为中心？这个问题需要分析，在生存的层次上，我们大概还是会以——也许还应当要以人类的生存为优先。假如我看到人类的一个孩子和一只动物都掉在水里快要淹死了，我应该先救谁？应该先救孩子，我想还是无疑义的。

但是，我们至少要有“兼顾”的原则。我们不能仅仅根据对人的利害关系就将其他动物分为“益虫”与“害虫”。当我们的生存利益不会受到影响的时候，我们也许就应将其他物种的生存放在首位。所有的动物，包括人，乃至其他的生命和无生命物，都最好应该共同地存在于这个世界上，最好一个都不要少。“众生平等”的确不可能在全面的意义——比如政治的意义、福利的意义——上理解，但可以在“生”的层次上理解：一种“共存”的平等。

除了人，外物获得道德关怀的一般次序大概是：首先是动物，因为它们的感受性等加强了我们对它们的道德关注；其次是生物，任何生命都不应被任意扼杀；然后是一切外物，当然首先还是地球上的外物，那也是我们够得着的。我们对这些外物也不应轻易破坏。如果不拘泥于个别的物体，对所有物组成的生态系统，也应当有一种整体优先性的考虑。

如此考虑的话，就让我们努力不要去大幅度改变或触动自然界的原貌吧。比如就让一些雪峰不留下人类的足迹，就让一些荒野、湿地、原始森林保持它们的原样。

也让一些动物，比如藏獒就留在它们的家乡吧，它们的家乡本就在高原。不要把它们当作城里的宠物和护院的猛犬来豢养，更不要将它们炒成高价的商品。

偷猎固然是犯罪。但从消费者方面来说，“没有买卖就没有杀害”。没有象牙的装饰品，不吃鱼翅，我们就会死吗？不会。如果我们仅仅为了所谓的“美观”甚或“时髦”，就让一些大型动物仅仅因为它们嘴里的两颗牙、身上小小的翅而要被捕猎和死去，于心何忍？

还有，不要虐待动物，不要人为地增加它们的痛苦。即便要吃掉它们，也不要为了所谓“生鲜”，用一些残忍的烹调方法。这些都是一些起码的，我们也并不难于做到的事情。还有许多这样的基本的事情。而更积极的，比如救助某些动物、吃素食等，尽管不一定能够普遍推行，但这些行动是让我们敬佩的。

我们可以从身边能做的一些事情做起，哪怕是以求少污染环境的垃圾分类，将电池集中回收等，由近及远，由少聚多。

我们不要忘记人的一些更为基本的身份和外物的基本联系：我们除了是人，也是动物；除了是动物，也是一种有生命的物。最后，我们其实都是物，都是在地球上出现的物，都是由原子、分子构成的物。在这个意义上，我们本性相通，也应当在这个世界上共存。

我们尽管可以自炫上升为了有意识和理性的物，但还是不要忘记这些更为根本的身份和联系。我们的精神飞扬在空中，但我们的双脚还立在大地。我们应该将人类最好的产物——意识和精神之花——也用在最好的地方，用得不仅让我们自己活得像一个体面的人，也让所有的生命、所有的物各得其所。

第四章 身与心

我们个人可能有一个基本的大势或生活前景，比如说，我出生伊始，我的遗传，我的天赋，我的个性，我出生在什么样的国家和家庭等种种情况，使我的一生大致可以有一个基本的走向，但这期间还会发生许多事情，尤其是当我意识到我拥有一定的自由，可以将自己的努力加进因果链条之中，这样，我自己的自由意志就可以成为“原因”之一了。也许我改变不了最基本的命运，但我还是可以改变许多东西。

1. 身体的意义

哲学家往往容易轻视身体，但我以为，今天的哲学家，尤其是经历或研究过二十世纪历史的哲学家应该重视身体。

我们有死，正是因为有身。我们有欲，也是因为有身。一个生下不久的婴儿，还闭着眼睛呢，却本能地寻找奶嘴，一旦得到，便拼命吸起来。吸饱了，才满意地舒一口气。

人的脆弱性也是来自这里，即首先乃至主要的是来自身体。身体需要持续的安全，也需要不断的营养，尤其是人类，和其他动物相比，我们看到人类的婴儿自身是多么无助，需要很长的哺乳和保护期。

我们经历过最长的不进食时间有多久？我自己只是一天一夜。一个人吃了很饱的一顿饭，下一顿饭大概就不想吃了。但再下一顿一定还会饿。也有人能够“辟谷”，几天几夜不吃饭，但还是要喝水。这大概还是要靠身体以前的积累。再长的时间我想也是不行的，至少这不适用于大多数人。

人的身体也是易受伤害的。不要说枪炮，有时就是一把水果刀，一根针，也可能致人死命。人不是钢铁、硅胶等特殊材料制成的人，人就是肉体构成的人。你打他，他就会疼。你刺伤他，他就会流血，血流得差不多了就会死。人身还怕烫，怕冷，更怕各种酷刑。

至少从我们所见到的人的意识来看，身体还是意识的载体。一个人身体没有了，他的意识在活着的人看来也就没有了。死去的人从来没有带来过回音。

充分认识到人身的这种脆弱性并予以关怀的哲学才是一种不脱离人性、也不脱离人道的哲学。我珍惜和爱护自己的身体，但也要尊重和保护别人的身体。没有身体，生命就将不存。身体痛苦和受限，也无法否认它就是痛苦和受限。依靠精神力量减轻和淡化这种痛苦在一些人那里是有可能的，而另一种可能性却是更大的：即在更多的人那里，这种痛苦还会延伸，带来心理的痛苦。

所以，任何涉及人的理论和哲学，尤其是社会理论和政治哲学，首先应该考虑的是应该如何对待他人的身体，或者说一般意义上的人的身体。国家最基本的功能是一种“守夜人”的角色，即要优先保障这个政治社会中人们的身体安全和基本生存。

我们强调人的精神一面，人是要有精神的。但这应当更多的是一种自我的要求，对于他人，我们不能强制改造别人的精神，而实际上精神也体现了外在的物理行为，哪怕再暴烈的外在行为也改造不了，你只能伤害乃至毁掉它。你不可能通过身体的压制来提升另一个人的精神。

这种态度还具有一种道德意义。所以，我们甚至可以说，一个人如果不能好好地对待他人的身体，他也就没有好好地对待自己的灵魂。同样，一个政治社会如果不能好好地对待所有社会成员的身体，比如给所有人的身体提供安全的保障和基本的物质生活条件，那么，这个社会也绝不会是一个好的社会。

我们在二十世纪目睹的现代极权主义之所以比过去的专制独裁更强大，更无孔不入，的确是因为它通过意识形态等手段伸展到全社会的各个环节，裹胁和压迫了许多人，但这后面，也一定还是以对身体的暴力作为基础和后盾的。

所以，如果说哲学家过于强调“软刀子杀人”而忘记了“硬刀子杀人”，过于强调心理层面的隐性的压制而忽略了对身体层面的显性压制，过于强调警惕所谓影响人们心理的“微观权力”而忽略了对身体的硬邦邦的物理性的“宏观权力”，那是不妥的，甚至客观上有可能成为真实暴行的遮蔽。

无论如何，对身体安全和延续的保障还是首要的，而且这种保障更多的依赖于别人和社会。这种保障虽然在人类近数十年也有很大的提高，暴力在人类的历史上还是呈减少的趋势，但未来的确也存在着一些难以测知的风险。

有一些个人信奉的人生哲学或宗教信仰，的确是可以将身体置于次要地位的，但这里应该有一种“人我之别”：即便自己深信精神是更重要的，乃至为此忽略甚至折磨自己的身体，也不可强行让别人都这样做。

我们看到人类各大宗教的基本道德戒律也几乎都还是指向身体或其延伸物的，“不可杀人”“不可强暴”，是直接防范对身体的伤害的；还有的是指向身体的所有物的，如“不可盗窃”“不可欺诈”，也往往是因为它会带来对身体需要的物质利益的损害。身体还需要一个人之为人的自由活动空间。保护产权之所以重要，首先是因为它是保障身体及其自由活动范围的。

当然，我们可能也不必过度重视身体。在正常社会的经济条件下，人的基本生存是不难保障的。梭罗在瓦尔登湖边曾经做过一个试验，他花了二十多美元购买原材料，不到一个月时间就建成了一个足以遮风避雨的小屋。苏格拉底嘲讽雅典的一个运动和养生专家，那人比一般人多活了几年，这时间差不多就等于他花在运动和养生上的时间。苏格拉底到琳琅满目的市场上去，说他看到了许多他不需要的东西。他也平平安安地活到了七十岁。他后来的死也不是由于物质的匮乏。

我们一般人的生活自然不必像他们那样简单。一些过去的奢侈品可能也会变成今天我们的必需品。人们还会根据自己的条件保留自己对不同新奇品的兴趣。但许多养生和保健品可能都是多余的，保持一定的膳食平衡和运动平衡差不多就足以保持身体的基本健康了。在今天科技和经济高度发展的情况下，物质营养产品更是极大地丰富了，虽然还存在着国家和地区的不平衡，但对于发达和发展中国家的许多人来说，对健康的要求看来更多的是集中于需要抑制对营养的过量摄入而不是防范营养不足。

中国古人有言："身体发肤，受之父母，不可毁伤也。"即便今天人们会淡化它的来源，但对自己的身体也的确是需要这样一种守护态度。虽然这话也还是可以分析的，古时候的人重视头发，甚至有时"削发以明志"，有时"蓄须以明志"，对血液更是极感珍贵，但这些看法可能是因为加入了一定的观念、意识或精神的因素。今天的科学告诉我们，有些身体的成分，比如头发，剪掉也不会伤身，剪什么发型就更不会了。甚至定期适量的献血其实也是无大碍的。我们的身体其实也在不断地吐故纳新，这样的身体才是"活着"的。

2. 心灵的分析

我们这里不讨论心灵是不是一个实体，而是考虑对人的心灵的分析，而“心灵”也是一个指代，即便从生理上说，今天的科学也告诉我们，我们的意识主要是和大脑而非心脏有关。但我们还是袭用这个传统的术语来讨论和提问：从我们的自我反省和与人交流来看，涉及“心灵”或者说“意识”的现象究竟包含哪些成分或要素？

> 我现在坐在这里。我能看到窗外的蓝天白云，马上回想起了托尔斯泰《战争与和平》中的安德烈在受伤之后躺在大地上凝视着天空，他似乎从中看到了一种永恒的东西。但我现在有一个实际的考虑，虽然天晴，风却很大，我要不要去户外的游泳池游泳？我需要马上作出一个决定。于是想去拿手机查今天的气温，我想动却还没动，转念又想到了少年时游泳的池塘，拨开厚草，嬉

戏其中，但偶尔也会有看到漂浮在水面的粪便的恶心。这种恶心甚至影响到我现在的情绪。于是不知为什么就不再想这件事了。开始在想我这几个月正打算写的一本书，我开始思考它的结构和思路。但中间的一个题目又使我想起了最近网络上热议的一个案件，那是和道德和正义有关，我现在要不要分析这其中的一件事情以做出我的判断？

我这里不是要做一种类似笛卡尔的哲学工作，要怀疑一切，看还剩下一点什么，而是就像一个普通人一样思考，把我所有的所感、所觉、所思、所愿都看作是真切的。

这些思绪有时瞬息万变，就像达·芬奇所说，“心灵一下就从东方转到了西方”。它也能够超越古今。我不知道有些思绪或情绪是怎么来的，我也不知道某些心境——快乐的或悲哀的——是怎么慢慢消失的，我甚至不知道下一刻我会想什么。但有时候，我也可以做一种持续的、执着于一个问题的严密有序的思考，有时又还能进入一种似乎毫无所思、毫无所见的空灵境界。

我这里不想我的意识是怎么来的，也不考虑是否有一种精神性的东西充溢在宇宙之中。我不想是否还有一种“反省前的我思”之类“纯粹的意识”，也不考虑其他存在，比如动物、可能的“外星人”的心理或意识活动。我这里就是考虑人的意识。

我一想事情，马上就感到了一种综合性，各种感觉、回忆都朝我涌来，但我又感到它们在我这里是互相联系的：感觉和知觉、感知与思想、回忆和前瞻、静观与意欲、情感与思维，它们都是纷至沓来、互相纠缠的。感觉不是单纯的感觉，思想也不是单纯的思想，回忆也不是单纯的回忆。这就是“自我”吗？它们都发生在我的心里，而且，这样一些结合在一起的特殊的感觉、思想与回忆，看来也仅仅只能发生在我的心里，和我过去的经历、记忆、现在的处境和意欲有关。

我可以对这些意识活动进行一种分析。我们归之在人的“意识”名下的种种心灵状态有许多种成分：感觉、知觉、直觉、欲望、意志、情绪、感情、思考、推理、回忆、虚构、想象等。人还发明了语言、文字、多媒体，让人的意识变成可以交流和传承的东西了。

有一些成分初看起来是和动物一样的，比如感觉、欲望等，但它们似乎又不是完全一样的，它们还混合了人的感情和理性。即便就是纯粹身体的欲望也是如此。比如“吃喝拉撒睡”，人也会注意食物的美感，还会注意在某些场合的公共礼仪。

这些成分通过分析可能合并或归类吗？比如说有一种重要的两分法：人的理性与非理性。理性，至少是系统思考的理性，看来是人特有的。但理性也还可以再分：有推理的理性，也有归纳的理性，甚至还有敏感的或直觉的理性，有对理念的洞观和顿悟。对非理性的成分同样也还可以再细分。

我们要充分估计到人的意识中理性的力量，近代的许多社会改革与技术进步均与此有关。但我们也要看到，如果过分强调理性，或者说过分强调某一种理性，也可能导致排斥和低估对人的行为产生影响的其他意识成分。强调理性如果变成一种唯理主义，在社会科学领域内有可能导致一种脱离现实和经验的乌托邦理论，在自然科学领域内则有可能导致一种唯科学主义或者唯技术主义。

十九世纪陀思妥耶夫斯基批评过当时的车尔尼雪夫斯基所描述过的天堂一般的“水晶宫”，他指出人是复杂的，人还有非理性的一面。人并不总是计算利害得失的动物，或者这种“计算”并不总是理性的。此前帕斯卡尔也谈到：“心灵有一些理由可能连理性本身都不知道。”休谟甚至说：“理性是激情的奴仆。”至少，我们绝不要低估人的意识中存在的诸如激情、意志等非理性力量。这种非理性的因素常常在集体行为中比在个人行为中表现得更为明显。

人的意识中非理性的许多成分似乎是与动物共有的。它们有些是渗入了人的理性，或者还多是和人的整个意识的其他成分密不可分的。还有些则可能是人特有而动物没有的，比如道德感、正义感和不为自己得利也要损人的恶意。人的激情和意志常常成就了仅凭理性所不能成就的事业，但也可能给人类带来巨大的灾难。

还有一些重要的三分法。比如柏拉图就曾将个人的心灵分为三个部分：一是欲望，二是激情，三是智慧或理性。而且他认为这三个部分是有高下之分的，欲望最低，激情在中间，而智慧最高。所以，人应该由智慧来支配激情和欲望，由激情来护卫智慧，而欲望则必须受智慧和激情的节制。

我们经常见到的还有将人的心灵分为知、情、意三个部分，“知”对应于人对真相、真知和真理的追求，它包括感性认识和经验，也包括理性和直觉。“情”对应于人对幸福或快乐的追求，它包括人的各种感情：友谊、爱情、美感等。“意”则是对应于人对自己认为好的生活、善的意识、正当、正义的追求，它包括种种决断、选择、坚持的意愿等。

当然，这些划分也是不易很明确地去确定的。比如说，“意志”不是要经常向理性或经验讨教吗？不是要与情感结合或得到情感的支持吗？它们不是经常很难辨别的吗？“感情”也常常是由感而发，与知同行。那么直觉之知究竟是属于知觉还是理性？

我们经常说，这三个方面，或者说所有意识的主要成分在一个人那里最好比较平衡，或用通俗的话来说，一般人要想取得世俗的成功，他的智商、情商和“志商”最好都比较强，且配合得很好。但是，我们也会看到，有些人——当然这样的人不多——恰恰是在某一个方面特别突出而取得胜过许多平衡者更大的成就。

当然，其中关键的还有一种自我的意识。“思”还意味着有一个“思”的主体，我是感觉是“我”在思考而不是别人、别的存在代“我”思考。正是这个“我”把我的过去、现在乃至未来连为一体，也把我的理性和非理性、我的各种意识成分连为一体。我感到我的意识能够指挥我的身体，我的“心动”可以带来我的“身动”。但我的“心”之所以动，可能又是和我的身体有关。我感到冷了，想去拿一件衣服，也就真的去拿了。但有时我的心也会抗拒我的身体的要求，或者理性上想有所动作，却缺乏足够的意志。人的心和身究竟是怎样的一种关系呢？我的直接意愿后面是否还有更具决定性的原因呢？下面我们就要考虑心身关系、意志自由等问题。

3. 心灵与身体是怎样的一种关系

人的心灵和身体是一种什么关系？心灵或灵魂是暂时居于这身体呢，还是当身体死亡，心灵也就不存在了？而在这两者并存于人这里的时候，它们之间又是怎样互动的呢？它们两者是否可以脱离？

物体乃至生命体可以说是脱离人的意识的。身，在某种意义上可以说是我们人那里的“物”。物是可以独立存在的。在人出现之前的数十亿年里，地球上的自然物就已经是独立存在的了。包括后期出现的生命乃至动物也是没有人的意识的。但人的意识看来无法脱离身体。在一个人的身体出生之前或死亡之后，人的精神或心灵是否存在，这是一个无法用人的意识来验证的问题。我的个人意识是不是一定会随着我的身体的消失而消失？在我生而伊始，意识又是怎样进入了我的心里？当然，至少，在我们活着的时候，心身是结合在一起的。但是，何者又是更为根本的呢？是心还是身？

从柏拉图、斯多葛派，更不要说神学家们，一直到近代的笛卡尔，都倾向于认为灵魂与身体是两个不同的实体，心灵只是暂时和肉体结合在一起，肉体会衰朽、死亡，但灵魂不会。这的确是无法用人的理性来证实的。

至于人的心身之间的联系，笛卡尔认为要通过一种松果腺，莱布尼兹持一种先定的和谐论，斯宾诺莎认为两者是一体的两面，机械主义者则认为心灵只是身体的一种机能。

当代高科技——尤其是人工智能的发展——对身心问题提出了新的挑战：目前在碳基生物，尤其是人那里存在的意识是否只和这种“身体”有关？未来的机器人或者说硅基生物也能有“心灵”和意识吗？

今天的机器智能在计算理性方面已经大大地超越了人的计算能力，它未来还可能全面地超越人的能力。这未来并不十分遥远，许多科学家认为将在这个世纪发生。但这种超级智能是不是还将获得一种类似于人的情感、意志，尤其是一种连贯和统一的自我意识呢？

这种新的“心身结合”或者说“心机结合”有两种途径。一种途径是外在的“物”——机器人获得全面的意识，或者说是先有机体，再获得心灵。还一种途径是内在的“物”——通过将我们的身体，尤其是脑机结合、逆向工程，将一个人所有已存在过的意识活动保存下来，复制出来，且获得像超级计算机那样的能力，再加上基因工程和纳米技术，能够修复和更换人的器官，乃至制造出全新的机体，从而实现将人的心灵转移到新的机体之上。

那么，人将有新的“身”，甚至是百害不侵、百毒不入、无须进食乃至永远不老的“身体”。这时他的“心”还是原来的“心”吗？人是不是会完全转变成一种“机器”，即一种长生不死的硅基生物，而他的自我意识也将发生根本的变化？

如果说对“人心”转换到“机身”将带来的变化我们没有把握，对从“机身”到“人心”的转换我们也就更没有把握了。那虽然是我们创造的，但将变得比我们还聪明、还智能的外在的“物”——超级机器会有怎样的意识？它们将怎样看待和对待我们人类？会和我们今天对智能低于我们的其他动物的态度和行为一样吗？

这是一条新的世俗的让人“灵魂不朽”的道路，还是一条让人“灵魂消失”、只剩下有机体和智能的道路？不仅在人那里的非理性的东西没有了，甚至非计算理性的东西也都没有了。人将最终转换为机器，或者说人这一过去地球上的“超级物种”将被智能机器这一新的“超级物种”所代替？那时，它们将会有怎样的一颗“心”？

反对机器能获得人的“心灵”的一个理由可能是，人的情感、意志乃至理性，以及自我意识都是和我们人类现在作为碳基生物和灵长类动物的身体的感受性有关的，正是从这种感受性中、在漫长的时间里慢慢生长起我们的意识。没有这种感受性的机器固然有可能仍旧发展起高度的、超过人乃至毁灭人的智能，但不能形成人的心灵。或者还有另外的理由，即人是上帝的造物，人是按照上帝的形象创造的。而人造的事物则不可能达到此境地。这里有神秘的因素，但我们也只能满足于此了。并不是所有的事情我们都能清楚认识的。

也正是由于上面的一些原因，我的意识是否能够完全地被机器复制这个问题是很可怀疑的。至于机器是否能够获得人的意识，那就更可怀疑了。

但是，我们需要记住的是，即便机器不能获得人的情感、意志和全面的理性，它只要具有超过人的智能——把控其他物的能力，就足可以对人类为所欲为了，就像我们并不很懂地球上其他动物的心理活动，却可以支配它们的生死。取代“夜”的“白昼”不必懂“夜”的“心”。

这一未来高科技的挑战看来是提出了一个比经典的心身问题更重大和迫切的心身问题。它不仅关系到人的心身联系，还关系到两者的存亡或转型。

4. 我们怎么知道别人的心

我们有时候迫切地想知道别人心里的想法。比如在刚进入恋爱热烈而朦胧的时期，我怎么知道对方的心？“我爱她（他），但她（他）是不是爱我？”“我是不是要说出来，或者什么时候说出来比较合适？”

我们常常通过语言来交流内心的想法。但语言不可能完全真实地表达自己的内心，要受到个人乃至整个人类的语言能力的局限。尤其是一些微妙的感觉只可意会，难以言传。语言还可以是造假的，人是会有意说谎的动物。

有的哲学家甚至从根本上否定知道别人的心的可能性，或者说认为这种“知道”的确实性是完全无法验证的。人都是复杂、具有差别和孤立的个体。人是注定要孤独的。不要说复杂的心灵意识，就连一些感觉也是难以相通的。一个视力正常的人怎么真切地感受一个色盲者所看到的红绿呢？你怎么向一个生下来失明的盲人描述大自然的各种色彩呢？

但人类既然是同类，就会有共性。当然各人之间，乃至各个群体之间还是会有一些差别。有一本书《男人来自火星，女人来自金星》说的就是男女两性之间的差异，而无论男读者或者女读者，都可能会同意其中的某些看法，或者对有关同性的描述发出会心一笑，或者对其中有关异性的描述发出无奈一笑，因为她（他）们在与异性接触的生活经验中还是能认识对方的心思和性格，尽管有相当的差异，两者之间还是有相通的渠道，而这渠道之所以能够相通，大概又是因为她（他）们之间还是有相同的地方。

我们在对许多事情的反应上都能发现共鸣：有同仇敌忾，也有同乐同悲。对理论或观点也会有共识，当然也有针锋相对的辩驳，但即便是辩驳，也说明对分歧点有同样的认识，只是立场和意见不同。

对我们怎样知道别人的心，密尔提出了类比的途径。俗话说："将心比心，设身处地。"我们可以通过对别人的行为和对自己心灵的省察，将两者结合起来考虑。一般来说，我们在伤心的时候会流泪，在欢乐的时候会大笑，在剧痛的时候会叫喊，在突然面临恐惧的时候会不由自主地收缩身体。我们和他人总是处在不断的互动和互相反馈之中。我们的不当行为会遇到别人抵制的坚硬的墙。人和人之间还可以用语言交流，我们有时并不确切地知道我们是否知道别人的心，而通过对方的反馈却能大概得知。当然，语言也可以作假，也可能误会，何况还有难以表白的时候，就像一个恋人的无奈，“我怎么才能让你相信我真的爱你？”但一般还是可以“日久见人心”“磨难见真情”。

我们可以来分析《庄子》中著名的一段对话。庄子和惠施一道在濠水的桥上游玩。庄子说：“看那鱼游得多么悠闲自在，这就是鱼儿的快乐。”惠施说：“你不是鱼，怎么知道鱼的快乐？”庄子说：“你不是我，怎么知道我不知道鱼的快乐？”惠施说：“我不是你，固然不知道你；你也不是鱼，你不知道鱼的快乐，也是完全可以肯定的。”庄子说：“还是让我们顺着先前的话来说。你刚才所说的‘你怎么知道鱼的快乐’的话，就是已经知道了我知道鱼的快乐而问我，而我则是在濠水的桥上知道鱼快乐的。”

我以为这段辩论，从哲学论辩本身来说，是惠施更有道理。但从生活常识来说，可能是庄子更有道理。

惠施首先提出了一个哲学的问题：你作为人，怎么知道鱼的快乐？常人是不会提出这样的问题的，而只是听着和接受。当庄子反问的时候，惠施给出的论据是对的：即我固然可以承认不知道你知道什么，但正是遵循同样的逻辑，我可以肯定地知道你不知道鱼的快乐。他或许还可以补充说：我们作为人，还相距更近，而人与鱼，则相隔较远，人和人的差别不如人和鱼的差别那么大。如果你说同样作为人，我连你的心也不知道，那么你就更不知道鱼的心了。人和人毕竟还是同类，相知的可能性比人和鱼之间应该是更大一些。

而庄子“子非我”的反问是不那么有理的，他最后的一段更是有点像诡辩了，他自己先说过鱼快乐，惠施只是就庄子所说过的提问。而庄子所说“在濠上知之”过于简略，并没有真正回答惠施的问题。但这也许只是简略的记录，我们可以设想庄子，或者补充说：“我曾经多次去那里看过水中的鱼，当我往水中丢一块石子，我看见它们急速地散开；当我往水中投一点食物，我看见它们摇头摆尾地聚拢过来，吞吐食物。我们人和鱼毕竟也是一个大的同类啊（庄子自然更是这样持一种齐物的观点），我看它们的动作和人的行为反应大致一样，所以我可以从自己的心推知，在前一种情况下它们很惊恐，而在后一种情况下它们则从容自得，十分快乐。今天我从水中鱼儿的游动看到了它们从容的样子，所以我敢说它们是快乐的。”

一般人并不进行这样的哲学对话。常识对于我们的生活实践就基本够用。但是，提出这样的哲学问题和进行这样的论辩又是难得和可贵的，它逼出了一些根本的反省。所以，当惠施死后，庄子会有些伤感地说：“自从惠子离开了人世，我没有可以匹敌的对手了！我没有可以与之论辩的人了！”

在人与人之间，有着一些基本相知的通道；甚至在人与动物之间，在某些方面也有相知的通道。当然，我们也得承认，对他人的心，我们并不能够有很确切的理解，所以，道德的评价最好是集中于行为，而不必做“诛心之论”。在友谊和恋爱等事情上，暂时不能确知也正好给了我们努力探索和证明自己的空间，而且，保有一些若明若暗，一些微妙，一些羞涩，一些欲问还止、欲说还休，不是恰恰给爱情增加了魅力？

话说回来，我们对自己的心灵又何曾知道得那么清楚？我们对他人的心也就更没有必要和权利纤毫悉知。这也可以将心比心，我们愿意心灵被人窥测或者强行要求打开和坦白吗？尤其是一个成长中的少年，更愿意小心翼翼地保守好自己的心灵。假如真的发明了一个“读心机”，掌握权力的人还握有这“读心机”，能够完全知道别人的心思和意识活动，那么这世界将会怎样？

5. 我们的意志是自由的吗

“我们的意志是自由的吗？”也是一个类似的哲学问题。我们在生活中，明显感到我们的行动意志是自由的。只要没有遭到胁迫和监禁，我想出门也就出来了；我走在路上，我想走这条路而不走那条路，甚至我想走这一步而不走那一步。难道对这些做或不做的行为是出自我的自由意志这件事还有什么怀疑？

我小时候的确也发生过这样的疑问，我上学本来要走一条习惯的近路，但突然意识到还可以有另外的选择，我想验证一下自己的自由，就走了另一条偏远的路。但这时又想到：我这样一个意欲的转变是否也是被前面的原因决定的？即我刚好读到一点有关意志自由的文字，而我为什么会读这样的文字和这样思考，大概又和更根本的原因有关，比如个性，比如环境等。

这样的问题是出在追问这意志后面还有什么原因，以及这原因是必然还是偶然的时候。目前看起来是出自我的自由意志的行为，实质上是不是不可打破的必然链条中的一环？

对“原因”以及“原因的原因”一直到“最后的原因”的追溯是可贵的。正是因为这种对因果关系的不懈追索，才有了我们的科学，有了我们的哲学。但我们承认有因果关系，并不意味着我们也要承认这种关系一定是必然关系，甚至是一种命定的关系。

这里不仅有个人的自由问题，也有人类的自由问题。虽然这两个问题常常是联系在一起的。当我们讨论人的意志自由问题，实际是在做一种总体的、根本的追问：人类在追求自己的目标的时候，是否真的是在自由地选择自己的目标？这后面是否还有更为根本的原因，人是被这更为根本的原因决定才做出表面看起来似乎是“自己的”选择？人类社会是不是按照一种必然的规律在发展？或者说偶然性也要起作用，社会的演变常常只是一个较大概率的问题？

这里自然有一个“自由”的含义问题：常识的或者政治意义上的“自由”可能仅仅指不受强迫、压制的自由。探讨这些限制是否合理和公正也是很重要的，甚至是更重要或者说更优先的，但这不是哲学的自由意志论主要追问的问题。哲学的“自由”主要的关照不仅是个人的，更是人类的，不仅有直接的，还有间接和根本的“前因”，它甚至也会关注后果，即人是否还能实现自己的目的。它不仅向后看，不仅想充分认识人们行动的直接原因后面的“原因的原因”，直到最后的“原因”；它也向前看，即看到人们达到自己的目的，甚至认为只有实现了自己的目的才算有了真正的自由。

反对“自由意志”的理论则有各种各样的决定论：有心理的决定论，有自然和社会环境的决定论，有客观的规律论，有历史的目的论。一种绝对的决定论观点会认为一个人所有的动作都被规定好了，连每一根头发都是预定的。当然，这样的预定者一定很累，要不就是全知全能。

这一“意志自由”的问题看来似乎关系重大，它涉及我们行动的信心和力量、希望和绝望。但并不是说主张自由意志的人就一定主观能动性强。理论与人类作为的联系还是复杂的，相信意志自由的人大概会更有信心、更愿抉择，但有些相信命定论的人有可能行动还更为坚决，他们相信自己负有天命，甘愿成为这天命的工具。一种对必然使命或天命的信心也能提供强大的精神动力。

我们大概还是得在绝对的自由意志论与绝对的命定论之间选择一个中道，或者说认为决定论与自由意志两者在某种程度上是可以相容的。甚至我们在两者的极端之间都还能发现一种相通。诚如上述，一些相信命定论的人也还是会调动自己的最大意志，表现出特别强的主体能动性。一个人可能相信命运，但仍然奋起搏斗，甚至也能在一定程度上改变自己的命运，哪怕不达目的，最后还能和命运和解。

我们在对社会和信仰的观察中也能看到类似的情况，即在相信必然性和宿命论的同时却也有一种强烈的试图推动、干预现实的意志，他们的行动甚至同时还能表现出一种唯意志论的色彩——如果他们觉得自己是率先认识到这种历史必然性的主体，或者是上帝的选民，他们肩负历史的使命，或者要配得上这“选民”的角色，于是在历史上做出惊天动地的事情。

如果说在有些根本的问题上难于做出最后的结论，在日常生活中，我们也许还是得满足于一种浅层的个人自由意志论，或者说回到常识。我们只需认定，一个行动只要是出于这个行动者的自我意志，是一个自主的行动，那么，就这个行动而言，他就是意志自由的。

这对我们的实践看来也足够了。我们知道可以凭自己的意愿选择行为。而对于这样一个自我选择的行动，这个行动者就必须承担责任，如果带来了损害他人的严重恶果，他就必须负法律的责任，法律也就可以惩罚他。至于他的目的是否完全实现，他的直接动机后面是否还有更深的环境或心理原因，一般来说不是法律管辖的范围，也不是对行为评价的范围。好的行为就是好的行为，恶的行为就是恶的行为，并不因行动者主体是谁而改变。但如果要在这个行动者整个人的范围内进行全面的道德和社会评价，则可以考虑后面更深的环境和心理原因。在追溯这些原因的时候，相对来说越是间接和遥远的原因，权重的分量一般也就越轻，因为，对于“原因的原因的原因……”，在这一系列的关口上，每一个关口都还是可以有自由选择的余地。如果用社会环境决定论为犯罪者解脱，那对处在类似境地中选择不这样做的人们就不公平。在法律对行为的规范范围内，得知事件的性质和直接的动因就已经足够，只需区分有意和无意。在道德的责任范围内或可追溯得更远，当要考虑到对整个人而不仅是直接判断的行为的评价的时候，大概就可以考虑他的生存环境和心理特质等。

我们个人可能有一个基本的大势或生活前景，比如说，我出生伊始，我的遗传，我的天赋，我的个性，我出生在什么样的国家和家庭等种种情况，使我的一生大致可以有一个基本的走向，但这期间还会发生许多事情，尤其是当我意识到我拥有一定的自由，可以将自己的努力加进因果链条之中，这样，我自己的自由意志就可以成为“原因”之一了。也许我改变不了最基本的命运，但我还是可以改变许多东西。

萨特的“自由哲学”倾向于否定我们受到的一切限制，或者说主观上要将一切前定的条件都抛弃，拒绝一切可能的“本质”规定，在一切境遇中说“不”，否则就有“不诚”的嫌疑。那么，这种“自由”看来是太绝对了，它似乎要给人希望，却很可能使人绝望。还有一种“自由”理论则不仅考虑前因，还主张考虑后果，即认为要让自己的行动达到自己的目的，这样才算是实现了自己的意志自由。但是，就像爱因斯坦在《我的世界观》中所引叔本华的话所言："我们可以做我们想做的，但不能要我们所要的。"我们可以保有相当的自由，但绝不是绝对自由。那种只能用否定方式表达的自由对人的意志的要求其实太高了，而且结果堪忧。一定要实现理想的自由看来也是误解了自由，自由确认一个人拥有一定的主体性、主动性乃至尊严，但它不确保一个人实现自己的人生目标和幸福。

第五章 认识人性

我们还是可以在制度和规范方面尽量防范，我们也可以改善人们的观念，尽量扩充人们本性中的善端或者说“人性中的善良天使”的因素。但我们也的确不可能太乐观。所以，我们即便不多说“人性”，还是要把人性始终放在心里，它对人们的价值、规范和作为构成一种客观的基本限制和可能性。我们永远不要忘记：人性不仅意味着人的可能性，同时也意味着人的有限性。

1. 当我们说人性时是在说什么

我们首先会遇到这样的问题：当我们说人性的时候是在说什么？有没有必要谈论人性？甚至于有没有“人性”这种东西？

如果我们承认世界上的万事万物，包括人都不是完全相同的，互相之间都存在差异，那么，我们就很难否认有“人性”这样的东西。人性就是人与其他事物的差异性，或者说就是人类的个性。但“人性”又立足于一种共性，即它是指人类的一种群性，是人区别于其他事物的一种共性。

这样，我们或许就可以说，人性是在区别和联系中存在的。人性区别于其他所有非属人的事物是一种个性，联结于所有人来说又是一种共性。但我们首先要考虑区别才能定义人，这时看来应该选择最接近于人的事物来进行区分，而最接近于人的看来就是动物了。

人和其他动物存在着许多共性：比如说生存本能、延续本能，“食色，性也”，这些当然都属于人的本性，甚至是更为根本的属性，绝不可忽视。人在根源上的确也是动物。近年来发展甚劲的社会生物学的一些理论认为，人和动物共享着比如自私、攻击、同情、合群等属性，在某种意义上人甚至现在也还是和动物相差无几，是一种“裸猿”。

但即便是这些共有的属性，人还是与动物有所不同。就以求生而言，人还想过一种体面的、人之为人的物质生活，人还会“舍生取义”。而像“食”，人不仅会求精美，还会将进食变成一种和其他文化象征物结合在一起的仪式。又如“色”，人还会重视稳定持续的感情和社会规范，以及组成婚姻家庭后的法律和道德义务。

比较起来，人不仅与非人的事物有许多差异，和动物也还有不少差异，这时我们会试图辨识那些根本的差异是什么。但即便是根本的属性也还可以是一个复数，或者说即便是理解为“一”，对这“一”也有不同的理解。有的哲学家认为这根本的属性是意识和理性，还有的认为人作为社会性的动物是最根本的，甚至认为可以因此而取消“人性”这个概念，但这可能忽略了人还有的一些基本的或者说更为基本的属性。

物有齐有不齐。相对来说，差别中又有大的差别和小的差别。如果我们说有生命的物体与无生命的物体是一个大的差别，相对于这一差别来说，有生命的物体中的各类生物之间的差别就是一些小的差别；相对于各种动物之间的差别来说，动物与植物之间的差别又是大的差别。这样，人与其他动物之间的差别一方面可以说是小差别，即人也是一种动物；但从另一方面看，由于人发展起了意识，有了“心灵”或者说“灵魂”，它就还至少和地球上的所有其他物都构成一种对照，即在某种意义上构成“天地之心”或者说“万物之灵”，而且在能力上能够超越和驾驭其他所有物，这样，人与物的差别就可以说是一个很大的差别了。这一心灵和意识也就可以说不仅是区别人与其他灵长类动物的本质特征，也可以说是区别人与其他所有事物的本质特征了。这一意识或心灵或就可以说是区别人与动物的最本质的特征。

人有意识和理性，就能设计和规范自己的整个一生，考虑自己要成为一个什么样的人，追求一种自认为“良好生活”的价值目标。这一良好生活的目标可能是比较单一的，也可能是比较复杂的，而如果价值目标是一个复数，他还会尝试将这些目标分出主次或先后次序。他不仅考虑目标，也考虑要达到这一良好生活的途径和手段：如需要培养什么样的品格，进行什么样的学习和训练，自己最合适的职业是什么，如何处理好与他人及社会的各种关系等。他还要考虑道德在自己生活中的分量，虽然不一定就以追求道德或精神的事业为主要目标，但也要考虑道德的义务和社会的约束。他会形成或同意某种正义观，试图用这种正义观来指导或评价社会和他人。最后，他还可能从德、福方面评价自己的一生，安心或不安地告别人世。而这些看来都不会在其他动物那里发生，包括我们现在使用“人性”这个概念来认识人类自己。

人还具有一种自我意识。自我意识意味着对自己的一种整体的意识，以及对整个人类、人性和人道的认识。它首先是一种主体的意识，而且是连贯的，将一个人所有的意识活动作为连贯一体的主体；其次，它也是一种对象的意识，即这个主体还能够以自己为对象，反省自身。

所以说，“人性”是基于人与外物，尤其是与其他动物的区别来定义的。至于在人类的内部，也会有许多差别，有民族、国家、地域、阶级等种种差别，所以又有民族性、国民性、地域性、阶级性等。但不能把这些相对来说是小范围的内部特性当作人类的共同本质属性，或者说只能在人类内部总是存在差异的意义上，说一定会存在差异是人类的共性。但最根本和普遍的属性还是需要从人类与其他事物的外部区分中去定义。

说“人是社会关系的总和”“人的本质特征就是社会性”有一定的道理，人的确一开始看来就是群居动物，后来还建立了政治社会。人是社会性的动物。但其他动物也有不少是群居动物，甚至像蜂群、蚁群还建立了一定的秩序，甚至有等级秩序的“社会”。而且，之所以人后来建立了政治社会，乃至发展为与蜂群社会、蚁群社会性质不同，远为精巧和复杂的社会，也都是因为人的意识和语言文字的出现和发展。

至于说“人性都是具体的，只有具体的人性，没有抽象的人性，也就是说只有阶级性（或者说民族性）而没有共同的人性”则是不那么有理的。所有的“性”都是一种抽象或概括，如果说具体的话，最具体的大概就是活生生的个人了，但甚至各人的“个性”也是一种抽象或概括。

所有层次的“性”都既是共性也是个性：对外是个性，对内是共性。所有的“性”也都既是抽象的，又是具体的：对外是具体，对内是抽象。所以说“世界上只有具体的人性，没有抽象的人性”是一个无甚意义的命题，以此否定有共同的人性存在也是不合逻辑的，因为，如果按照同样的逻辑，阶级性或民族性也要作为一种抽象的共性在被否定之列。而且，正如我们前面所说，无论阶级性还是民族性，这是反映人类内部的一种属性，它们本身就是分离的、局部的，它们的内容不足以构成人类的普遍共性的内容。

所以，我们如果从人与其他事物的区别着眼，从外在的方面观察，比如说“人是直立行走、两足无毛的动物”，说“人是脑量特别发达的动物”，还有像“人是能够制造工具、直到制造机器的动物”，这些都是属于人比较本质的特性，但最本质的特性可能还是人有意识，有理性，有道德的判断，有升华了的感情和直觉，能够自我规划一生，也能规划人与人之间的各种关系和发明社会的种种制度。

历史上的哲学家也大都强调这一点，即强调人与其他动物乃至万物之间的区别，这区别即在于人有理性，有精神，有心灵。这是人的本质性特征，乃至生活的意义就在于此。柏拉图说人是理性的动物，这理性不仅是人主观的东西，也是作为理念客观地存在于万事万物之中的，人的使命就是认识这理念，而最高的任务就是认识那善的理念、美的理念。亚里士多德也认为人的理性的反省和沉思不仅是最高的德性，也可令人获得最大的幸福。

斯多葛派的格言是人要按照自己的本性生活，这本性是什么呢？这本性就是理性，而且不只是个人的理性，甚至不只是人类的理性，不只是社会的理性，它也是自然的理性，是一种宇宙的理性。所以"按照本性生活"也就是"按照自然生活""按照理性生活"。当然，对这种宇宙理性，人类不可能完全测知，但知道他的理性也是分享着这一普遍的理性。这是一种整体的观点，这样人在宇宙、自然、社会中也就要接纳这一理性，接受人的各种角色和命运。所以，正像有人评论说的，这里有一种忧伤和高贵的东西，忧伤是因为人并不可以随心所欲地做自己想做的事情，甚至也不能完全清楚那普遍的理性或者命运，但是，他认识到并接受这一切，演好自己的角色，做好人类分内和自己分内的事情，这又使他变得高贵。

宗教的信仰和哲学则更是强调精神和灵魂，甚至将人活着的一生也看作不过是追求那不朽的灵魂的一段旅程。到了近代，思考的重心又回到尘世的生活。康德崇尚理性，将人看作世间也许是唯一有理性的存在，正因如此，人才能通过现象看到本体。其他近代思想家也大都分享了强调人的意识和理性这一特征，只是强调的重点或者对“理性”的理解有所不同。现代思想家中哪怕是否定人的本性、否定任何先定的本质的萨特，也同样重视人的意识，只是将这“意识”看作对存在的一种虚无化。罗尔斯认为人就是有善观念和正义感的存在，为此才需要建设一个好的社会，保障所有人的自由平等。

中国的思想家也是如此。孔子说：“性相近也，习相远也。”说的也是人有类似的本性。而他所说的“仁”、所强调的“学”，也无一不是在发掘和倡导人的道德意识。孟子强调“人禽之别”，这区别的关键就是人有恻隐之心，有四端，有本质的良知良能。后来儒家的心性之学更是将这道德的人性和心灵放在第一位。但儒家也是将人性之理与宇宙之理联系起来，尽心知性则知天，“性即理也”，道义不仅是心性之理，也是一种“天经地义”。这种客观之“理”不仅对人性中可能的为所欲为构成一种限制，也为“性理”提供一种坚实的客观基础。

但从二十世纪以降，的确有许多哲学家、思想家不太讨论人性的问题了，或者说不轻易使用“人性”这样一个总体性的概念。背后的道理是，谈到人性往往就像是追溯到了终点，没办法再往下细谈了，而这对于分门别类的社会科学尤其如此。假如动辄把一切都归之于人性，也可能影响我们探讨许多具体问题。人们的思考也因为谨慎或相对主义的影响，比较容易拒斥一切宏大的思维。而且，基本的人性也是不太容易改变的，只是从根基处约束着人的作为，而我们日常面对的是不断变化的挑战。但如果完全排除人性的前提，也将失去一些基本的限制。

2. 有知与无知

前面我们谈到人性，首先考虑的是人的意识、知识、智慧和理性，这些能力主要朝着两个方面努力，一是认识、利用和把控外物的能力，“利用厚生”；二是认识和安排自己的能力，“尽心知性”或“明道见性”，规划和把握自己的一生，也包括组成政治社会和各种组织。或者如梁漱溟所说，人努力的一个方向主要是向外用力，一个方向主要是向内用力。广而言之，即一个方面主要是努力支配外物，支配自然界；一个方面主要是对自己用力，安顿好自己，也安排好社会。

我们先谈人在识“物”控“物”方面的认知能力。人类把几百万年来人类经历的几个阶段命名为：直立人、能人、匠人和智人等，这反映了处在自然界中人的身体、能力方面的一些重大变化或转折。人首先是站立起来，于是腾出了自己的双手，并且拇指能够与其余四指对握，两手也能够配合，他站立起来也能够看得更远了，有了更宽广的视野。后来他还发现了火的用途，并且能够自己生火以取暖和做熟食。他还能用自己的双手打制一些简单的石器，捕猎到更多的东西。更好的营养和生存斗争的实践使他的大脑渐渐发达，脑量增加。直到二三十万年前出现现代人祖先的“智人”，然后是世界上的几个大河流域不约而同地出现一万余年前的农业文明，接着是五千多年前的政治文明和两千五百多年前“轴心时代”的精神文明。

从这一过程的外部看，物质生活和生存斗争的实践的确是先导的，先有物质文明再有制度和精神文明，即便内在的也是意识始终在起作用。虽然我们对为什么恰恰在那个时候在灵长类动物中出现人，尤其是对人那里出现的意识的起源和本质还很难说清楚，但明显的是，人类在进入文明史之后，他的意识和能力的发展就大大地加快了，尤其在进入工业文明和近年的高科技文明之后，他支配物质的知识和能力几乎是在以一种倍增的速度发展。

今天人类可以说在对外物——包括对自己的身体之“物”——的知识上已经取得了非常巨大的进展，人类的认知能力对于人成为地球的主人现在已经绰绰有余，但我们是否可以说人的认知能力是可以无限进步的呢？

人今天对宇宙全部真相的认知还是微不足道的。且他知道得越多，也应该越是能够感到无知面的扩大，感到自己的渺小。近代以前，人只是感知到太阳、月亮、星星，现在他知道了太阳系之外有庞大的银河系，还有无尽的河外星系，他对宇宙的知识其实还只是沧海一粟。对微观世界的探索也是如此。我们发现，我们知道的东西越多，我们不知道的东西也越多。

这种有限的知识可能不影响我们的实践，我们关于外部世界的知识对我们在地球上的生存和发展来说足够用了。我们在支配自然万物的实践中甚至已经达到了几乎可以颐指气使的地步。但我们还是不敢妄称我们能知道一切，认识一切，明白一切。我们的识物和御物能力甚至只要超出地球就要感到相当地茫然无助了。

而且，这种知识还有一个巨大的缺口。我们在御物方面的知识大大地扩展和深化了，但是我们对人自身的知识呢？两千五百多年前出现的精神文明的确主要是精神性的，它主要涉及人文和信仰。此后的两千年，人类也可以说主要是向内用力，努力地认识和安顿自己。但是，近代以来的“启蒙”在带来巨大发展的同时也可能带来新的蒙蔽。我们弱化乃至忽略了对人性、对人类本身的恰如其分的认识，我们变得越来越自信，甚至狂妄。在这方面甚至与古人比较起来也有不如。我们以为能够驾驭地球上的万物也就能够驾驭自身，我们想臻于完美，于是出现了许多乌托邦社会理论或者高调理想。但二十世纪的人为灾难可以说是对这些高调理论的一个重大打击，而且人类是否能足够清醒地从中吸取教训也还未可知。

另外，我们还可以发问：进入文明以来，人类取得了多大的进展？尤其近代以来人类取得的巨大知识进步和经济发展是否改变了人性本身，使人们普遍变得比一万多年前更聪明，更有智慧，乃至更有道德？这后面还隐藏的一个问题则是：人性能有根本的改变吗？

今天高科技，尤其人工智能的迅猛发展隐示着一种新的危险，即未来会不会出现比人类更聪明、更有能力的一种超级智能，乃至于出现一个新的“超级物种”，这一新的超级物种大概不会具有“人性”，或者只是具有“人性”的一部分——控物的认知能力的那一部分，但不具有人的感情、人的道德标准和人的自我意识。它虽然是人造物，但不会像人，却可能支配人，乃至毁灭人。

人类在科技和经济方面的确取得了极大的进步，取得了古人不仅望尘莫及，甚至无法想象的成绩和能力。人不仅对外在于他的事物的认知能力大为扩展，对内在于他的物——他的身体的认知能力也有了长足的进步。人们的寿命尤其在近一百多年来有了大幅的提高。但是要说今人比古人更聪明，可能并不一定，至少从经常被认为是“聪明”或“热爱智慧”的哲学家自己来看是这样。今天从事哲学研究的人大都心里明白，我们知道柏拉图、亚里士多德之后的许多哲学家的理论和新的概念，我们拥有知识的积累性优势，但我们不敢说我们就比柏拉图、亚里士多德更聪明，更有智慧。

我们目前取得的进步主要表现在哪里？我们今天肯定懂得了更多知识，这是知识及其产品的积累和递进所致，通过书籍、计算机、网络、学校、图书馆等，我们能很快学习和掌握千百年来人们积累的知识。我们尤其在有关物质的知识方面有了巨大的进展，这方面的知识产品也极其丰富且不断更新。我们也有不断推陈出新的技术手段，能够将我们学到的知识学以致用。这就是积累的优势，是波普尔所说“世界三”的优势。但我们可以假设一下，如果让现在世界上新生的一代婴儿置身于公元前五百年的环境中，不让他们接触到任何后来的知识产品，只能依靠自己的聪明才智，那么，他们是否能比当时希腊城邦或中国春秋时期的人做得更好，是很难说的。所以，如果说今人的确比古人有能力的话，是因为古人是处在文明的上游，而今人是处在文明的下游，水量已非古人所处的那个时代所能比。今人是处在比古人更幸运的累积的优势条件中，而不一定是本身比他们更聪明，更有创造性。

主要是知识产品和学习及训练手段起了主要作用的另外一个例证是：一些本来还处在刀耕火种甚至更原始环境中的原始部落人，或者说像我们数千年前的“古人”一样生活的人，一旦进入现代文明，也能相当顺利地学会最新的技术。

他们本身的聪明才智看来和我们并没有多大的差别，所以现代人不必以自己的聪明才智自炫。

而且，现代科技的精英为了让广大用户更方便、更省心，不断生产出种种“傻瓜相机”之类的产品。知识和能力其实还有一种分化的迹象，这也许比物质财富的分化更不利于平等。对整个人类来说，某些方面的能力，比如野外生存的能力与其说是进化，不如说是退化了。我们的许多直接利用物的工匠手艺也近乎绝迹。我们甚至还可以假设：如果发生了一场核大战或者大的自然灾难，剩下的少数人的知识储备和记忆还在，只是丧失了一切技术手段和机器设备，那这人类的劫余也会处在非常困难的境地。他们处于要与动物在自然界进行生存竞争的地位，人是否一定能赢也还是一个未知数。六千五百万年前世界上最强有力的动物恐龙的灭绝就是一个明证。当一个巨大的陨石撞击地球，带来了一个持久的冰川时代，恐龙消失了，许多比它们弱小的动物却活下来了，后来的世界由哺乳动物主导，直到出现了人。如果人还是赢了其他动物，再重新起步，这又将是一个极其漫长的进化过程，还有许多的偶然因素，并不担保一定能出现一个新的智慧物种。所以说，文明是宝贵的，但也是脆弱的。

3. 善端与恶端

我们是否能够把控我们所获得的巨大物质力量，恰当地应用它们，最重要的还是取决于人是否能够把控自己，即取决于我们的道德能力。的确，我们还要特别关注人的本性中的这一方面，即古往今来，人们对人性最关注的还是精神和道德。

对人的本性是善还是恶的问题，历史上有各种看法，可以大致分为：人性本善；人性本恶；人性有善有恶；人性无善无恶。但它们的差别和冲突并不像看上去那么巨大。这些主张往往是人们从不同的角度和侧重点提出的。我认为孟子提出的“善端”说是一个比较可以协调各种主张的理论。当然，孟子也有他自己的侧重点，即他侧重于面对个人，无论是普通人还是君王。他着眼于鼓励、提升和引导人们本性中的“善端”或者说向善的可能性，所以，他没有明确地讲人的本性中也有“恶端”即向恶的可能性。但他还是说到了人心中的良知良能是多么容易丧失，所以要努力去寻求那被放逸了的“本心”。而之所以容易丧失善的“本心”，正是因为有“恶端”的存在。荀子则主要侧重于制度，希望人们努力从一开始就遏止心中的“恶端”，所以他说，“人之性恶，其善伪（为）也”。但是，如果人的本性中全然没有“善端”，那努力也是不可能的。

所以，我们可以考虑，人的本性中本来就既有“善端”，也有“恶端”，人性并不是一块“无善无恶”的“白板”。但这并不是说人的初始本性中就“有善有恶”，那还不是“善恶”，而只是向善、向恶的两种可能性，一个人可能发展其“善端”而成为好人，一个人也可能发展其“恶端”而成为恶人。换言之，因为人出生伊始就有向善向恶的两种可能性，所以，我们说“人性可善可恶”而非直接说“人性有善有恶”。后来的“人有善有恶”正是因为“人性可善可恶”。

但“善端”和“恶端”在人的初始本性中是不是分量同等的呢？或者说哪种可能性更大一点呢？我下面的看法可能会是有争议的，即我认为，在人那里，“善端”稍稍大于“恶端”。我们会看到几乎所有的孩子在一定的年龄之前都还可以说是好孩子，都还是天真无邪的。我们也看到大多数人在正常条件下也都还是愿意做一个好人。所以，我更倾向于孟子的观点，尤其是他用一个婴孩将要掉到井里、所有人都会想去拉他一把而非推他一把或者完全不管的例子，来说明

“人皆有恻隐之心”这一“仁之端”，表达了道德情感的源头。他认为道德义务、道德理性和道德智慧，也在人的本性中有其源头。

但源头并不能说明和保证终点，事实上还是会有恶人乃至大奸大恶。还有一些愤激之士会说，“人是好逸恶劳的动物”“人是忘恩负义的动物”，这都是就恶端发展为现实的恶而言，与他们的特殊境遇有关。所以，后天的努力和习染是重要的。一个好的社会就是一个其社会制度与氛围能够让人向善而非向恶的社会，一个好的个人也是能够引出别人同样好的情感与行为而遏止别人坏的情感与行为的个人。

总之，我们对人性要有基本的信任和警惕，不高估也不低估。但是准确地估计和平衡有时并不容易，这样我们或许可以说，在社会制度方面，我们对代表权力者向善的可能性与其估计过高，不如估计偏低；而在一般个人尤其是自我方面，我们对自己与邻人向善的可能性与其估计过低，不如估计偏高。

至于人性在道德方面是否能够不断进步乃至根本改观，我们的确可以看到在一些观念和制度上的进步。我们看到从原始群——部落——国家——全人类乃至到动物和整个生态的道德调节范围的不断扩大，也看到人类社会中平等的不断加强和暴力的大幅减少，奴隶制度不再存在，“二战”之后的战争和死伤人数也大大减少。

但是，人在道德方面，或者说在控制自身方面取得的进步，可以说远远不如他在经济和科技方面或者说在控制外物方面取得的进步。即便不能说我们今天活着的人的道德素质和潜能就一定比古人低，但一个严峻的问题是：我们现在所掌握的手段与力量和古代大大不同，我们不仅有了足够毁灭人类数十次的像核武器等大规模杀人武器，还有了各种莫测的生化、人工智能等技术能力，这样，即便是同样的道德水平，恶念恶行造成的后果就远非古代所能及。过去一个酋长带领部落人的近身肉搏，至多造成数十、数百人的伤亡；一个国王带领军队的冷兵器的作战，也往往只是数千、数万人的伤亡；但今天即便是一个掌握了核武器的小国首脑，一个获得了核武器的恐怖组织的头领，他如果断然地使用这些武器，也会给世界造成巨大的灾难。甚至于一个科学家恶意地将一种实验室的病毒释放出来，也可能造成数千万人的死亡。

那么，我们是否能够彻底地改变人性，将所有人的道德都提升到一个很高的水平，甚至创造出一种全新的、类似于天使的人类呢？但那可能就不是“人性”而是“神性”了。我们也不是没有看到这样的试图创造全新的人，实现至高的社会理想的实践，但它反而带来了巨大的灾难。当修昔底德以一种不无悲怆的笔调叙述那最终结束了希腊城邦繁华文明的伯罗奔尼撒战争的时候，他说了一句“人性就是人性”的名言，他暗含的意思是基本的人性是不太可能改变的，千百年前如此，千百年后还是会如此。我们在历史上看到一些悲剧总是重演，只是换了人物和场景。所以有人会说："历史最大的教训就是人们不会接受教训。"因为人们的欲望、野心和总体的道德水准可能依然如故。

当然，这并不是说我们不要努力，我们还是可以在制度和规范方面尽量防范，我们也可以改善人们的观念，尽量扩充本性中的善端或者说"人性中的善良天使"的因素。但我们也的确不可能太乐观。所以，我们即便不多说"人性"，还是要把人性始终放在心里，它对人们的价值、规范和作为构成一种客观的基本限制和可能性。我们永远不要忘记，人性不仅意味着人的可能性，同时也意味着人的有限性。

4. 群性与个性

我们现在要谈到人性的内部差异，但是，这种差异的存在，又可以说是一种共性，即不仅“物以类聚”——人和其他的物种不同；在人的内部也是一样，“人以群分”——在人类内部也存在着不同的群体，具有不同的属性。有不同的个人，就有不同的个性；有不同的群体，也就有不同的“群性”。只是这种人内部的差异小于人与外物的差异。而不同的群体所具有的特性，也依各自群体的强固程度、文化和信仰的凝合度和流动性等种种因素有种种不同的强度和重要性。

在各种群体的属性中，一般来说，国家的属性是比较强固的。因为它垄断着一定地域内的暴力并且遏止着流动性。有大小不一的共同体，有可以改变的群性，也有难以甚至无法改变的群性。比如种族性就比地区性更加强固，结合了国家的种族性就会更加强固。一个国家内不同地区的人，虽然也可以说有些不同的特性和地方风习，但因其流动性，就远不如国民性那么重要和固定。像种族和宗教群体的特性，一般也弱于国民性，但在有的时候、有的社会中，一些团体的民族性和宗教性也强过国民性，乃至造成国家的分裂与结合。有的宗教比如佛教凝固性不强，它是相当非政治性的，有的宗教却有很大的精神聚合力，也伸展到政治，它的凝聚力有时就能超过国家的凝聚力。

还有一些“群性”不同于国家、地区和民族的“群性”。它们并不体现于一个密切生活在一起的共同体，而是散布在各个共同体，比如男性和女性的区分。宗教的群体也是常常散布在不同的地区和国家的，但它们还是会在其中构成不同的群体，有各自信众共同的崇拜、礼仪和活动。但两性的区分看来没有这种活动的分隔，两者又是紧密地结合并生活在一起的，两性的结合甚至可以构成社会的基本细胞——婚姻、家庭、家族。这种两性的区分是生理的——她（他）们有一些不同的身体器官和功能，又是心理的——有各种正面和负面的感情，还有应当如何相处和对待的观念；这种区分是很明显的、很难改变的——我们很容易看到两者不同的性征，但它又是很隐蔽的——两性的交合和性格的磨合似乎是人们最不愿意谈论和传达的事情。在两性之间是否存在着一些事实的差异——不仅是身体的、性格和观念的差异，还是只需强调平等就能弥合这些差异？由于女性在传统上属于弱势群体，这不仅是生理和性格因素所致，还加上了社会人为的因素。所以，今天的人们大概更强调后者。

这种散布的“群性”还有一种特殊的划分，似乎有些笼统，却具有一种重要的意义，而由于人们几乎不重视甚至注意不到这种区分，所以也可以在这里特别谈谈。这就是陀思妥耶夫斯基提出的划分。这种划分和文化、政治看来无关，也不牵涉国家、地域，它似乎只是从数量角度进行的一个划分，但又是从品性差异观察到的数量划分。也就是说，无论在任何社会、任何时代、任何国家，都可以划分出一个多数和少数：比例可能在各民族中有所不同，有的社会中这个“多数”人更多些，有的社会中这个“多数”人要少些，但在任何社会中改变不了这个事实，即多数还是多数，少数还是少数。在陀思妥耶夫斯基看来，在任何社会中，多数人可能都比重视精神生活更重视物质生活，比重视自由更重视安全，甚至比相信和重视理性的力量更重视奇迹和召唤的力量。

但这是一个很难用理性来论证而可能只是基于一种经验的观察，包括历史的观察和各文明的比较观察。这一多数与少数的困惑贯穿于陀思妥耶夫斯基后期几乎所有的长篇小说之中。当然，在此前的思想家那里，也有类似的观察和划分，但都没有像陀思妥耶夫斯基那样明确地进行这样一种数量的划分。过去的思想家，无论是苏格拉底还是孔子，都谈过少数与大众的区分，但都没有从数量的角度明确地提出。这一划分虽然难于论证，但如果属实，则对人类的发展和社会的预期至关重要，尤其是对于现代社会。因为传统的社会实际上是接受了这一前提，所以堂而皇之地实行了少数统治。但现代社会发展到多数统治或至少是少数以多数的意见进行治理，则社会就可能越来越重视经济的发展和人们物质生活水平的不断提高。

最后还要认识我们每个人自己的个性。

前面我们谈到认识人有别于其他事物的本性，也可以说是认识人的各种可能性（与动物相比）及其限度（与天使相比），是认识人的基本限制和可能前景，这前景并不是人可以无所不能，但还是可以大有作为。这对我们个人来说也是如此。我们的自信也最好不是来自那种鼓励——比如说所有的人都是天才，都能成功，但我们还是能够成就自己。我们有意识，有激情，有抱负，有理性，我们能够慎重规划自己的一生。

我们也谈到认识各种“群性”，因为我们也必然要属于多个群体，有些是可以选择的，比如某些信仰或生活兴趣的群体；还有些是无法选择或者说很难更换的，比如种族、性别、国家。但我们可以对我们能选择的进行选择，对无法选择的也给予它们不同的权重。

每个人都嵌在这种共性、群性与个性的网之中：任何一个人，即便再独特，也都和其他人有类似之处；但另一方面，即便两个再相似的人或群体，每个人与每个人之间也有不同之处。

于是一个人也就有各种各样不同的“认同”——同时认同于某个信仰、某种自己所属的种族、某个自己所属的国家，乃至某个自己喜欢的生活兴趣团体，这些“认同”其实客观上就是“求异”或“存异”，各种“认同”在各人那里的分量是不同的。一个人甚至会因为这些不同的“认同”而陷入矛盾和冲突，当然，他也可能将这些不同的“认同”处理得比较平衡。他也可以有不同的权重，比如说是更重视两端：全人类的人性与每个人的个性，还是更重视中间的某个层面，比如说民族国家？

我们要生活得好，最后有一个自己比较满意的一生，以上对人类本性和内部“群性”的认识又都要落实在或者说基于对自己的认识。认识自己看来比认识他人、社会和万物容易，但实际上也不容易，因为我们经常会受到他人意见和社会、时代潮流的影响，我们会误将别人对自己的看法或期望看成自己的真实个性和价值偏好。所以“认识你自己”可以说是一个终生的任务，但我们最好能比较早地就认识到自己的基本个性并为此努力，以免醒悟太晚了来不及行动。

我们怎么认识自己呢？大概主要是通过行动的实践和自我的反省。我们要去做事，要去行动，通过做事来认识自己。甚至可以说，如果我们什么都不做，也就无法认识自己。我们要去尝试一些我们感兴趣的事情，尤其是青春年少的时候更有这样的特权，即通过一些挫折乃至歧路来认识自己。挫折也是很好的教师。如果说我们一生必然要经历许多挫折，那么还不妨让有些挫折早点来到。但为了避免不可逆转和挽回的失败，在每一次大的行动选择时也不妨给自己留下一些余地或退路。且我们在做事的过程中，还是要经常思考和反省，与自己过往和他人的经验教训进行比较。

在涉及人生的大抉择乃至一生基本方向和目标的选择的时候，我们可能要极其谨慎，开始围绕着它做一些小事情，达到一些小目标，或者也有意做一些与它不同的事情。在这个过程中反复掂量自己是不是合适，是不是喜欢，直到对一些基本面确信无疑，做出决定后则又需要全身心地投入，专心致志，甚至全力以赴，坚持不懈，不再为一些别的诱惑或压力而轻易改变目标。

我们需要注意到，即便同为人类，同属一些群体，个人与个人之间的差异性也是足够大的。我们要走自己的生活道路，而不是遵循别人的道路。前面讲到我们需要结合行动与反省，但也有人分为两截，像十七世纪法国的贵族思想家拉罗什福科，早年投入各种冒险的行动，晚年才专注于思考人生，并写出了《道德箴言录》。还有像多卷本长篇小说《追忆逝水年华》的作者普鲁斯特，他似乎只是躺在密闭的室内的床上思考和回忆，但他早年也还是积累了足够多的社交生活经验。而且，他们都有思考和创作的才华。我们可以欣赏别人的人生道路，包括从中学到许多东西，但不必完全学样，因为我们的个性很可能和他们有很大的不同。我们可以选择属于自己的事情，那可能是唯一的，只有你能够做得最好，更可能是只能做到最好的自己，但是，因为这事是自己做的就又不一样。的确，对我们大多数人来说，可能还是少年不宜轻易地离开教育的主流，成年不宜轻易地离开职业的大道，我们外表的生活也许和别人差不太多，但我们的自觉与反省还是能使我们获得更多的意义。我们可以努力发现和发掘我们的独特性，照样活出自己的精彩。

第六章 德性培养

德性不仅是人生成功或顺遂的手段，本身也是人生目标。一个人即便不成功顺利，他也能够在自己的德性里安心自足。努力追求德性的人甚至就将德性的圆满具足作为自己最高甚至唯一的人生目标。成功需要许多外在的条件，而德性却不需要，在这方面人是大有可为的。

1. 概观

古人有言，“性格就是一个人的守护神”，甚至“性格就是命运”。这命运有好运也有厄运，有的人一生过得幸福或有意义，也有的人一生就是一个无甚意义的悲剧。影响这不同的命运的因素固然有大的时代和社会环境，但也有个人的性格和运气。

最近一些哲学家相当重视“道德运气”的因素，或者说重视造成了实际行为后果的因素，比如有两个人同样性格鲁莽，开车常常不守规矩，但一个人开车造成了轧死别人的车祸，另一个人则没有，后果就非常不同，对此的道德评价似乎也就两样。但仔细分析起来，则应该说，运气只是对行为后果的评价有效，进而影响对这个人的道德评价，却不影响对这种鲁莽的、对自己和他人都不负责任的行为本身的道德评价。好的行为习惯还是好的行为习惯，坏的行为习惯还是坏的行为习惯，只是有时坏的行为习惯侥幸地因为没有造成坏的结果而没有进入我们的道德视野，但一个持有这种不好的行为习惯的人肯定会比没有这种行为习惯的人更有可能造成祸患。这样，我们可以说，道德运气也还是会受道德习惯和原则的影响。

我们个人碰到的运气常常是一种偶然性，虽然这偶然性也因我们的行为习惯有不同的概率。而像大的时代和社会环境则的确具有某种必然性。一个人不幸生活在某种暴政之下，或者处在战争之中，这的确还是有某种不可抗力，有某种大势令我们难于抗衡。但是，即便在这种情况下，性格的好坏还是会起加重或减轻祸患的作用。总之，性格对我们一生的幸福与否关系甚大。

有些东西——无论个人遇到的偶然情况还是所处社会的大势往往是我们掌握和改变不了的，而有些东西——就像我们的性格，却是我们在相当程度上能够掌握和有所改变的。性格有天生的因素，但也有后天培养的因素。天生气质不易变化，但通过特殊努力或特殊境遇还是可能发生改变。对于不可改变的因素，我们还可以顺势而导，争取能够发挥其优点而避免其弱势的境遇，比如选择适合自己扬长避短的职业。

当我们说到“德性”的时候，当然是指好的性格，但这些好的性格并不尽然都是严格道德意义上的德性，有些也是属于明智的好，甚至自利的好。但“自利”“自爱”也没有什么不好，如果说每个人都能在不伤害别人的情况下自利自爱，那也就是一只好的“看不见的手”了。我们下面介绍的德性更偏重于道德的好，但也不排斥自爱的好。

德性培养的意义还在于，如果我们让它们成了我们的一种生活习惯，那么一些下作的事情自然而然地就做不出来；那些下作的话也自然而然地就说不出来。你对那些恶劣的事情和恶言恶语甚至有一种心理乃至生理上的反感。还没等它们伤害到别人，你首先会自己觉得不舒服，觉得于心不安。

德性不仅是人生成功或顺遂的手段，本身也是人生目标。一个人即便不成功顺利，他也能够在自己的德性里安心自足。有一些努力追求德性的人甚至就将德性的圆满具足作为自己最高甚至唯一的人生目标。成功需要许多外在的条件，而德性却不需要，在这方面人是大有可为的。上一章我们讲认识人性是认识人生的基本面，甚至可以说是认识我们超越不了的一些限制。而德性是可以后天培养的，是一种获得性的品质，在这个意义上，也可以说“德性”是“得性”，就像个人的“道德”也可理解为“道得”或“得道”。

但的确还有一个问题就是，我们应该更重视就我们的天性所长来培养我们的德性呢，还是应该尽量补我们所不足的德性？

当然，培养我们个人的天性所长的德性应该是更容易、更好的，容易使我们更显优秀，更为突出。但如果我们的缺陷很严重，令人厌恶，就可能会影响到我们所长的发挥，尤其是与一般的德性相违背，那就更不可忽略，特别是在年轻的时候，在我们可塑性较强的时候，我们还是要尽可能平衡发展。这样就需要在补短方面也下相当的功夫，到了一定年龄之后，或许就可考虑更集中精力于所长了。

另外，还有一个时代和社会需要的问题，有一些德性固然很好，却是比较古典的德性而非现代的德性，我们固然可以仍旧坚持所长，但就必须有较大的内心力量来支持这种非时代甚至逆时代的所长。而如果还是希望发挥较大的影响力，则大概还是需要与时代做某种妥协，也补充一些自己所短的时代德性。

不过，涉及对时代的认识，还有一个比较根本的问题是，我们现在所处的“现代”社会是否本身就是一个轻视德性的时代，甚至像麦金太尔所认为的，德性的时代已经过去？当然，麦金太尔并不是不重视德性，他对现代的态度是批评和描述性的，他希望恢复和发扬一些古典的德性，希望人们更重视共同体的生活和社会德性，而不是放任自己的欲望。

在传统社会，无论中国还是西方，都相当重视德性的培养。但比较起来，中国更重视道德与人文的德性，西方在古希腊罗马时期则更重视对各方面追求卓越、荣誉所需要的德性。儒家有“仁、智、勇”三德，仁爱包括了对所有人的恻隐之心，努力的次序则是从亲亲开始，大致遵循修身、齐家、治国、平天下的次序，“忠、孝”也就成为其中最重要的两种德性。希腊人视“节制、勇敢、智慧、正义”为四主德，罗马人则更加强调公民的德性和尚武的精神。到基督教在社会上占据主导，则以“信、望、爱”为主德，其人间的德性则推崇怜悯弱者和对邻人的爱。

我们看到，无论中外，传统社会有许多德性还是共同的，只是被强调的分量和地位有所不同。但进入到崇尚自由平等的现代社会，是否德性就变得不再重要甚至可以忽略不计了？一些强调绝对自由的哲学家否定人的本性，自然也就否定人的德性，否定一切约束人的自由和欲望的东西；还有一些哲学家不那么绝对，但也认为旧时代的德性限制了人的自由，或者是不够平等，所以，新时代应当有新时代的德性。

这里又要涉及人类以及人类社会生活的某些共性了，既然都是人，人性并没有根本的改变，人际交往需要遵循的一些最基本的原则也不可能改变，那么，人应该具有的一些基本德性或其精神实质也就不会改变。比如下面将谈到的诚信、同情、公正的基本德性也就不会有内容的根本改变，其中的有些要求甚至更加强了，或者范围更扩展了。还有一些德性，比如说勇敢、自律或节制，相比于古代，它们的地位可能下降了，但这些德性还是需要保留，并在它们名下注入一些新的内容和解释。

另外，也的确有一些古代社会不太强调的，但现代社会必须重视的新的德性，比如说容忍或者说宽容、包容，因为这对平等自由和价值多元的现代社会的平稳运行和良序发展非常重要。但是，我们可以说，即便是这类德性，其精神也还是可以从比如中国古代的“忠恕”、“挈矩之道”、西方宗教经典中的“金规”中找到根源。

古典时代的社会伦理是“以如何做人为中心”的，其主导的价值目标是追求各方面的“卓越”，尤其是荣誉、道德和精神方面的卓越，所以，也可以说是以广义的“德性”为重心，乃至可以说在实践方面是以培养人的“德性”为中心的，尤其中国古代的儒家，则更强调道德方面的“德性”。这样的目标也会带动社会精神文化向上走。

现代社会却可以说是以不断扩大和实质化的“平等”为主导的价值目标，这样，现代伦理学也就缩小为“以行为或行为规则为中心”，专注于至少让自己的行为遵循某些基本的道德原则。有的现代伦理学理论以“彻底的平等自由”为号召，在实现了政治和价值的平等之后，还继续追求物质和心理层面的平等，试图消除一切方面的不平等和歧视，这样，关注的主要是弱势群体，要求社会和国家不断地提升他们的地位和福利，要求社会上所有的人尊重和保障他们的尊严。这样，个人培养自己的精神和德性，努力使自己强大起来就不那么受到重视了。

所以，以德性为中心的时代的确可以说基本已经过去，但是，在人性中根深蒂固存在的追求出众、追求优秀的观念，乃至某种差序的意识并不会泯灭，只是采取了新的形式，这样就还有面向大众的逐物、逐名的“卓越”。当然，古典的德性也不会泯灭，它们还保留在一部分人的心里，甚至对平衡这个世界发挥着作用。

2. 诚信

诚信与同情可以说是我们早年最需要培养乃至养成的两种德性。尤其是诚信，这涉及基本的自立，涉及一个可以让人预期、可以相信的连贯的自我的确立。“人而无信，不知其可也。”你不知道他会做出什么，就无法信任他。培养诚信也比较简易明确，容易入手，你只需“不要说假话”“你答应了的就要去做”，这离我们的共同天性不远，而像是否富有同情心和勇敢的气质，这在不同的人那里还是相差较大的。此外，像勇敢的德性更需要意志的激励。其他的德性，像同情、勇敢等，也很需要理性的指导，更不要说公正，经常还会涉及一些复杂的判断。容忍的德性则很需要经验和阅历的培养。自我管理的自律倒是也可以尽早开始，但它也可以说是一种终身的德性，而诚信是可以及早养成的品格，虽然在一些特殊境遇中，它也同样需要道德理性、意志和经验的支持。

这里所说的“诚信”可以分成两个方面：一个是“诚”，即真诚，说的是自己的心里话，即心口一致；一个是“信”，说出的话能让人相信属实或者符合真实、符合已经发生的事情的真相，或者你后面的行动将使你的承诺变为真实，即言行一致。你的承诺要让人相信，你就要准备履行你所说的。这也有赖于你以前也都说话属实，履行承诺。所以，让人“信”可以说是更重要的。让人信不是一次博弈，如果你能多次地、始终一贯地履行你的承诺，你就获得了信誉乃至信用。

一个人的言行信实与否是比较容易验证的，而一个人的内心真诚与否却不是那么容易验证的，或者也常常是要通过他的一贯行为来验证。如果说要人的内心完全真诚，这要求有时也太高，不要说我们难以知道别人的心思，甚至自己也难于完全清楚自己的内心。如果说要消除一切自己内心里的不诚、躲闪、回避，那是不容易做到的，那是要狠查内心的一闪念的。

对信实的要求虽然在有些特殊情况下也不那么容易做到，相对于真诚来说却还是比较容易的。你只要按照你说的去做就行了。你一旦做出了承诺，就要准备这样去做。有时甚至脱口说出了违心的话，或者时过境迁，原来的承诺不合时宜，甚至看不起自己承诺过的人，但是，“君子一言，驷马难追”，还是坚守承诺，这时就主要不是为对方做了，而是为自己做了。荆轲后来颇有点看不起燕太子丹，但一旦答应过他，虽然知道此去必死，也就毅然决然，“壮士一去兮不复还”了。

我们当然也要注意不轻易许诺，不做“滥好人”，不做自己无法做到或很难做到的承诺。我们要考虑承诺的对象、事情的性质和自己的能力。“一诺千金”可以有两个意思，从我的方面来说，我不轻易许诺；从我许诺的对象方面来说，我的诺言一旦给出，我就对我自己施加了一种义务，我就要坚决、坚持地去履行。汉末时华歆、王朗一同乘船避难，有一个人想搭他们的船，华歆反复盘问这人的情况。王朗说：“好在船还宽，为什么不行呢？”华歆也就同意这人上船了。后来强盗追这人来了，王朗就想甩掉那个搭船人。华歆说：“我当初犹豫，就是为的这一点呀。但已经答应了他的请求，怎么可以因为情况紧迫就抛弃他呢！”便仍旧带着并帮助他。

所以说，诚信更多的是一种自我立身的德性。虽然这“信”是发生在人与人之间，但主要是为自己的健全人格而为，让人觉得自己是一个言行一致、可以信任的人，而我们也感到自己不是一个自我分裂、缺乏承担的人。当然，我们最好还是两者一致。这不仅需要个人的努力，也需要社会的努力。我们希望社会的氛围和制度能够尽量地保证人们能够畅所欲言，也要求人们言行一致。

但我们是否在任何时候都要说真话呢？我们是否要杜绝

一切谎言呢?

一般原则是这样的。我们在任何时候都要首先考虑说真话而不说假话，这是我们的第一选择，也是我们对自己的一贯要求。但还是有些时候或场合，我不一定能够都说真话——如果说真话对别人将造成损害，或者自己要付出很大代价。但这里也还是可以有次一级的原则的，首先，我虽然可能不说出全部的真相或我认为的真理，但我应该不说假话。即便是坚持原则不应有例外的康德，在有些时候也还是没有说出他对有些问题比如说神学的全部心里话。而有些混乱狂潮中的清醒之士，也不得不保持某种缄默，因为他那时说真话了，他的生命也可能就不存了。对暴虐的权力能够说出全部真话的人固然可贵，值得敬仰，一个社会完全没有这样的人也是一个悲哀，但我们没有权利要求人们全都这样做。

其次，即便有时候不得不说假话、套话，但还是可以以不伤害具体的人为原则。“文革”时期，你可能不得不违心地表态拥护，或者泛泛地批判，但是，对具体个人的揭发应当努力避免。至于揣摩上意，企图自己上位或牟利而无中生有地中伤和诽谤别人，这就让人不齿了。即便都没有说真话，也还是能够看出不同的人品。

此外，还有被别的更高的义务凌驾的时候，尤其是保存生命的义务。比如说为了挽救某个无辜者的生命，我们就可能不得不对追逐的凶手说谎。对于一个被暂时的激情控制的人，一个处在狂怒状态的人，或者一个可能的自杀者，在一种紧急的情况下，我们大概也不得不对他们隐瞒可能致人于死地的事实。对一个患了绝症，但其精神状态承受不了的病人，我们一般也不告诉他们真相。

甚至有一些看来不是很重要的义务，比如出自礼貌，我们也不必说出全部真相。鲁迅曾经讲过一个“傻子”的故事，这个人在别人祝贺、祝福新生儿的时候说“这孩子总是要死的”，这是不是真话呢？是的。但为什么一定要在这个场合说这种众人皆知的真话呢？这已经不是一个涉及诚信的问题，而是一个涉及礼貌和同情心的问题。

至于一些玩笑的谎言，逗乐的谎言，这种“谎言”有时甚至可以视作一种幽默：大家心照不宣，都知道真相是什么，但一笑置之。或者我们有时不直接说出真相，而是通过委婉甚至推诿的言辞来尽量回避。

总之，诚信并不一定是说出一切真话，但应当尽量不说假话，尤其是不说会伤害别人的假话。当然，在一些重要的事情上，如果不可回避的话，即便是给自己带来伤害，也还是要说真话。对谎言我们还是要持一种严格的态度，即便在较小的事情上也不要轻易地为自己辩解，甚至将其作为一种习惯性的借口或托词。我们不要让自己轻易地流出谎言。说谎如果成为一种习惯，将难于改正。说谎就必须圆谎，越是说谎也就越是容易接着说谎，但最后还是“欲盖弥彰”。而作为德性的诚信，也正是希望诚信成为我们的一种德性或者生活习惯。当然，这里还可以有一种人我之别，这就不仅是和诚信的德性有关了，还和宽容的德性有关。人都是有弱点的，我们可以对自己尽量严格，但不必对别人那么严格。

3. 同情

同情心也是一种需要及早培养的德性。广义的“同情”有两个方面：一是与别人共享成功与快乐——或者将自己的快乐与别人分享；或者懂得欣赏别人的成功，分享别人的快乐。二是分担别人的痛苦和忧伤。共享快乐并不会减少快乐，而是增加快乐；而分担痛苦却可以减少痛苦。人是一种社会性的动物，我们可以通过同情尽早培养合群的能力。

能够由衷地欣赏别人的成功和快乐而不忌妒与怨恨其实是一种比较高的境界，能够得到这种快乐的人也会生活得更幸福，因为除了自己的成就和快乐，他还从同伴，甚至从不认识的、远方的卓越者那里得到快乐和鼓励，他将这些成就视作他们代表人类取得的成就。当然，他自己也可以加入竞争，在自己所长的方面也努力做到出类拔萃。

古典时代的人们，似乎更多地强调同情方面的同乐和共享。在孔子那里，即便他在政治方面的努力不太成功，但师生朋友的学习生活中洋溢着一种祥和快乐的气氛。《论语》开篇我们就读到“不亦说乎”“不亦乐乎”的字眼。到了战国时代的孟子，他虽然揭示了关心别人痛苦的“恻隐之心”，为此而反战、反横征暴敛的政治，但他也绝不轻视快乐，甚至从君主的好食货、游猎之心来引导他们要与民同乐。他激烈地批判君主为了自己的野心而让民众“死于沟壑”。孟子同时认识到人性中的差别与共性，主张“制民之产”，让人民过上丰裕安康的日子。即便是少数“无恒产而有恒心”的“士”也要体会和尊重大多数普通人的快乐。

的确，真正的“士”有志于道，但不可贬低和忽视一般人的快乐追求，一个政治家可以追求理想的目标，但不可以以牺牲普通人的快乐为代价。为此我们甚至希望政治家们也享受到天伦之乐、家庭之乐，乃至适度的物质的快乐，他们照样度假、旅游，这样不会离人性太远，甚至可以让我们比较放心，他们既然能够和我们一样共享快乐，其政策大概也就不会那么怪异和严酷。

在西方的古希腊罗马时代，社会的风尚也主要是鼓励人们去追求一些正面的目标：荣誉、成功乃至快乐。而精神和道德的训导是要与人同乐，与人共享。许多卓越者也的确是这样做的，而且是怀着豪爽、骄傲的正面情感这样做了。他们赞助大量节庆活动、文化戏剧活动和建造公共建筑。我们今天到雅典、罗马，看不到什么希腊名人和罗马英雄的豪华故居、王宫，更不要说宏大的陵寝了，却可以看到许多辉煌的公共建筑的遗址。

但同情更重要的还是在另一方面，即对他人的痛苦发生同情。人间的苦难始终存在，不要说较坏的社会，即使在较好的社会里，个人的痛苦也照样存在。对别人痛苦的关怀也更显道德意义。甚至中文里的“同情”也更多的是表达对别人痛苦的同情。在友谊中也许“同甘”比“共苦”更不容易，秦汉之际起义的陈胜说“苟富贵，毋相忘”，但即位之后很快也就相忘了，还和有些过去的密友反目成仇。而“共苦”或者说“共度时艰”看来更有可能将人们紧密地联系在一起，将一个共同体团结在一起。

一般来说，对他人痛苦油然而生的同情也可能比与别人同乐而不掺杂任何忌妒更为容易。这种对他人痛苦的同情或者说恻隐之心、怜悯之心在道德上更为纯粹，同时也更为广泛地存在于人们的心里。它是我们道德行为的初始源头和动力。我们甚至可以说，正是因为有这种不忍之心的普遍存在，才使我们即便在一些黑暗的时代里也对人类抱有希望和信心。

但是，恻隐之心仅仅是一种道德初始情感的涓涓细流，要成为恰当的道德行动，真正地帮到别人和有益社会，就常常还需要有道德理性的判断和指导，需要有道德意志的加持和加强，要不，它也可能很快流失，甚至走向错误的方向。只有当这些力量汇合到一起，让同情成为我们的一种稳定的德性，并结合其他的德性，它才能持久和明智地发挥作用。

同情似乎与年龄与阅历也有些关系。年轻气盛的时候，常常看不起失败者、弱者，以为都是他们自己的原因造成的；阅历多了，就知道不是那么回事，有许多失败是由于社会、家庭等诸种原因导致的。他们并不一定有你的那种优越条件和机会。甚至就算是后来变得既可怜又可嫌的人，自身有严重缺点的人，我们也应该多多体察和谅解。而我们帮助别人的时候，也要小心不要伤及别人的独立和自尊。

有天生同情心就较强的人，也有天性比较冷淡的人。从这个角度看，世界上有两种人，一种是比较热情，喜欢将自己的生活与别人的生活紧密联系在一起的人；还有一种是比较独立，不太喜欢将自己的生活和别人的生活紧密联系在一起的人，他们自己也可以相当自足，他们的快乐不必太依赖别人的好感和好意。但这两种人可以、也应该互相尊重，虽然他们也不妨保持一定的距离。对于后者来说保持这种距离可能是有意的，但也不必渲染甚至说破。而且，他们依然要以自己的方式与他人和世界保持着一种联系。

永远不要轻视，更不能蔑视那些处境比自己差的人，甚至你的地位越高，条件越是优越，就越是应该谦和，越是应该关心别人。这不仅是因为看起来处在你下层的人们，有些人的德性其实比你要高，甚至才能也不比你低，还因为这就是我们作为同胞、同类的一种德性，我们天生是要生活在同一个世界上的，也是必然要携手合作的。

4. 勇敢

勇敢的用意表面看起来似乎与同情有些相反。在人际关系中表现出来的同情是将他人视为自己的同类乃至朋友；而面对人表现出来的勇敢似乎是将他人视为自己的敌人和对手。他不是要关怀对象，而是要战胜对象。这揭示出人类社会乃至人性中的另一面，即在人类社会和人性中不仅存在合作和友爱的一面，也存在矛盾和冲突的一面。当然我们可以说前者应当更占主流，但后者也不可忽略。

现代的“勇敢”与古典时代的“勇敢”已经有相当的不同，所以，我们可以来看一看勇敢的历史。勇敢看来是一种明确的要揭示自己是一个强者的德性。这在古典时代还特别是一种搏斗和战争中的德性。最初的战斗往往是贴身肉搏，崇尚的是一种膂力和技术，后来有冷兵器，则加上了娴熟掌握武器的能力。

但即便在古典时代，勇敢与同情看来也还不是那么矛盾，勇敢者与同情者都是处在一个更加优势的地位。勇敢似乎是在说，来吧，你的胜利要靠自己不惜性命去争取，而我当然也是一样；而同情似乎是在说，如果你失败了，甚至你不敢战斗，我还是同情你，但这同情将是随后的事情。这样，两个真正的勇者相遇，战胜的一方在分出胜负，甚至杀死对方之后，也还是对对方有一种同情。而对不敢战斗的一方固然也可能有一种同情，但两种同情并不一样。前者可能还带有某种尊敬，而后者则可能伴有一种轻视。

和其他德性一样，勇敢也是自身要获得或培养的德性，是要确证自身的德性。但这些德性又都是发生在人与人的关系之中，要得到别人的承认才能证明自身。

黑格尔在《精神现象学》中说，自我意识要在一个别的自我意识中才能得到满足。而在过去的时代，这往往是通过勇敢，要用自己的生命去博得承认（Anerkennen），正是由此，分出了高贵者和卑贱者，分出了主人和奴隶。“一个不曾把生命拿去拼了一场的人，诚然也可以被承认为一个人，但是他没有达到他之所以被承认的真理性作为一个独立的自我意识。”“正如生命是意识之自然的肯定，有独立性而没有绝对的否定性，同样死亡就是意识之自然的否定，有否定性而没有独立性，因而这种独立性就没有得到承认所应有的意义。通过生死的斗争无疑地获得了这样的确定性，即双方都曾经拼过性命。”这样，“他们就以两个正相反对的意识的形态而存在着。其一是独立的意识，它的本质是自为存在；另一为依赖的意识，它的本质是为对方而生活或为对方而存在。前者是主人，后者是奴隶”。这后者看来更多的是指那些畏惧战斗、不敢投入战斗的人们。

古典时代个人的勇敢也意味着势均力敌，地位相等。过去的贵族、骑士、侠客、武士往往是不屑于和身份比自己低的人战斗的，更不以杀害妇孺为勇敢。在自己安全的情况下大肆杀戮任何时候都算不上勇敢。在纸上、言谈中表现勇敢也不是真正的勇敢，有时恰恰是掩盖自己的怯懦。真正的勇敢是面对自己的死亡，抱有必死的决心，试图在死地中战胜和求生。这时不畏惧死，宁可舍生取义，但也不是求死而是求胜，如孟子所说：“可以死，可以无死，死伤勇。”在战场上，如果勇敢地战斗，但不必死难，去争取胜利，当然是更好。而在非战斗的情况下，生更难，那么，“一死了之”则不是勇。但无论如何，过去的勇敢都是面对死亡的。勇敢意味着一种胆量和血性。

在某种意义上，勇敢是一种贵族的德性。黑格尔前面的话也许解释了一种武力贵族的初始起源：不惜性命去战斗。然后才是世袭，也包括继续勇敢地训练和培养，当然，也还要求“贵人行为理应高尚”，但这种能力和德性也容易在优渥的生活中渐渐消退。这种勇敢也表现在武士、武侠甚至刺客身上。我们在《左传》和《史记》中不难看到这种勇敢。

我们可以说，勇敢是一种比较特殊的德性。勇敢常常要和其他德性、道德理性结合起来才是真正的德性。而武力的勇敢经常是和个人的荣耀、自己所属的共同体、国家联系在一起的，所以，这种单纯的勇敢也可能恰恰是不合道德的。一个狂暴的征服者、侵略者的勇敢会造成什么后果呢？千百万生灵涂炭。

今天已经没有多少过去那种单纯靠武力和身体的勇敢发挥的余地了——甚至在战争中也没有了。今天战胜和消灭对方往往只需要在自己安全的地方、在千里之外按按电钮，依靠的是先进的武器而不是自己的勇气。今天还留存的一种舍命的勇敢往往是表现在一些面对自然危险的极限运动之中，他们的勇气值得敬佩，但更值得敬佩的是那些在救助别人的行为中表现的勇敢，比如消防队员的勇敢。

可以说，真正的作为道德德性的勇敢是需要与道德理性结合在一起的，接受公义的指导和评判。在这方面，自古至今一直还有另一种勇敢，这就是面对权力、流行意见的勇敢，坚持信念、信仰和真相、真理的勇敢。这就是孟子所说“说大人则藐之”“虽千万人，吾往矣”的勇敢。它同样是一种不惜性命的勇敢，也是一种特别需要坚持和毅力的勇敢。

当指斥罗马教廷的马丁·路德被召到有生杀大权的神圣罗马帝国皇帝主持的会议上，要求他说明自己的观点，他第一天还有些犹豫，第二天他申明不改变自己的观点，说：“我就站在这里。”

勇敢甚至是老子所说的“勇于不敢”，即不敢去为所欲为。勇敢并不是什么都敢做，敢干。古希腊的哲人也认为，勇敢并不是无所畏惧，而是怕那应该怕的东西，不怕那不应该怕的东西。真正的勇者不畏惧自己的生命遭到危险，但畏惧真理，同情生命。甚至在战斗中也是如此，那些在撤退的时候能够援救战友的人，往往比进攻者更能显示一种勇敢，就像根据真实故事改编的电影《血战钢锯岭》，主人公出于信仰不肯开枪杀人，他背负了“懦夫”之名，甚至遭到战友殴打，但是后来在一次血战之后，一次次地冒着生命危险，回到阵地上搜寻还活着的战友，只是想着“再多救一个人出来”。

这种勇敢也不是固执己见，而是在认识到自己的看法不对的时候，也能够反省乃至公开承认自己的错误。廉颇在错怪了蔺相如之后，登门负荆请罪，这是一种较之他在战场上的勇猛更大的勇敢，如《中庸》所说：“知耻近乎勇。”

除了应该和公正结合，接受正义感和道德智慧的指导，勇敢也需要和明智结合。勇敢常常首先表现为镇定，只有镇定才不会失去理性，即在危险来临的时候，不被恐惧的情绪所左右，这样才可能冷静和理性地思考对策，采取合理的行动，即便最后努力了仍不免一死，也安之若命。南北朝时期决定南北命运、以寡胜众的淝水之战总指挥谢安早年就表现出这样一种镇静，他和一些朋友坐船在海上突然遇到大风浪，同伴惊慌失措，都站起来乱走，只有他镇定如常，徐徐说出一句："如果我们还想回去，就不能乱动，否则反而容易使小船倾覆。"故此他被视为"足以镇安朝野"之才。镇定的人喜怒不形于色，他的镇定也安定了其他人，甚至能在谈笑间运筹帷幄、决胜于千里之外。

勇敢，这在过去的确是较少人具有的德性，而不是普遍的德性。但普通人也可以在日常生活中表示一种勇敢，如坚守自己德性的勇敢。今天的勇敢也更需要耐心、坚持和毅力。当一种时代大潮涌来的时候，如果它并不正当，或者出现了偏差，不被裹挟，乃至奋起反抗，这也是极大的道德勇气。

勇敢并不是好勇斗狠，更不是恃强凌弱。虽然今天的孩子们，尤其男孩子们，有可能被保护得太好了，已经变得相当文弱了，但暴力的减少毕竟是一个进步，尤其是那种完全不必要甚至下贱、残忍的暴力。

据说有一次，几个盗贼半夜打车到一个村庄的一户人家行劫被发现，被害者大声呼救，但没有人出来，而当盗贼逃走后，一些人却出来围住那个不知情的司机，不由分辩地拳脚相加，结果将他打成了重伤。这不是勇敢，甚至也不是正义，乃至连野蛮也算不上，因为野蛮人还能面对自己的危险。助人的勇敢需要分清是非，弄清责任，在面对危险时挺身而出。而自卫的勇敢也不是说要接受一切挑战，对于那些无赖和亡命之徒，我们甚至不必显示自己的勇敢。简单地说，那不值，你不必和他赌命，你的命比他的命更有价值。虽然也不一定要像韩信那样受“胯下之辱”，但是要尽可能地避开。

5. 公正

说到“公正”，似乎总是表现于公共领域，甚至与一定的公断权力结合在一起，“公正”这时就意味着要出于公心，做出不偏不倚的裁断。所以公正会特别地表现于某些拥有裁断权的领域和职业，比如法官、政治家。

但即便是普通人，也会碰到对一些事情需要做出公断的时候，对公共领域的事情，人们也都可以发表意见。作为公民、作为选民，要维持一个良好的公民社会，就需要不少人拥有公民的德性，保持正直的品格。

古代政治社会的公正主要表现在两个领域，一是司法的公正，一是交易的公正。国家要保障这两个领域的公正，在司法的领域内要“有恶报恶”，对各种罪恶给予相应的惩罚；在交易的领域内则要保障各种契约合同的履行。

如果一个人是一个正直的普通人，他不作恶，也履行对他人的承诺，他自己一般碰不到政治公正的问题。当然，他也可能成为他人作恶或欺诈的受害者，或者看到别人成为受害者或冤屈者，这时他的正义感就会促使他出来说话或行动。而在家庭和一些私人交往的领域，也可能碰到公正的问题。当然，如果他还是一个官员，他就会更多地遇到需要坚持公正的问题。

公正同时区别于两种东西：一是维护自己和亲友特殊利益的偏袒、徇私；但公正也不同于仁慈乃至高尚。作为个人可以高尚，但作为一个有权力或者有影响力的执法者不仅不能偏袒某一方，甚至自己高尚也不合适。因为当他自己在执法的时候，也在为别人示法甚至立法。

据说，春秋时鲁国有一条法律，即自己出钱从其他国家赎回人质的人，可以从国家得到奖励，而子贡赎回人质后却不接受国库的资金，孔子批评了他。而当孔子听到子路救了落水的人，接受了这个人感谢送来的牛之后，反而欢喜地说："以后鲁国会有许多人救人于溺了。"也就是说，有时自己的行为要考虑到对大众的影响，对社会的影响。

公正有时是可能和其他德性发生矛盾的。比如，我的决断能不能受同情的影响而偏袒弱势的一方？这时的确也要考虑决断任何个案同时也是在做一种普遍的立法。但是，有时可能又不宜只严守法律条文而完全不顾情理。

还有一个问题是，有没有绝对的公正或者说正义能够在人世间完全地实现？

期望正义在任何个案中都充分和绝对地实现也可能是不现实的。比方说，在涉及我们自己个人利益的案件中，是不是一定要用很多精力和时间去寻求仅仅是一些利益的追回，或者只是讨一个公正的说法？这时各人的确还是可以按照自己的具体情况和个性做不同的选择。

作为普通人，我们在人际交往中，可能更多的说一个人“正直”，或者有正义感。做一个正直的人很难吗？休谟认为并不难。只要守法，不作恶，就已经基本是正直的人了。的确，和做一个优雅和高尚的人相比，在基本正常的社会里，做一个正直的人是不那么难的。他只要不伤害他人，不强迫和欺骗他人，以德报德，以直报怨，就基本上做到正直了。

当然，在一个制度不那么正义的社会里，或者个人遇到一些很特殊的情况，处在一种很边缘的处境中，比如生死的压迫、生存的竞争、巨大的利益诱惑，尤其是当对方对我使用了很不正义的手段，这时坚持正直就不那么容易了。但这并不是常态。即便遇到一些非常态的困境，我们还是可以考虑坚持正义，让恶恶循环的链条在我这里中断。而且坚持正义，短期看来是吃亏了，甚至是失败了，但从长远来看，还是更有可能真正以善克服邪恶，更有可能取得比较长久而稳固的胜利，让邪恶钉在耻辱柱上。

公正有时还是讨人嫌的。雅典的阿里斯提德以公正著称，他管理提洛同盟的金库不偏不倚，但是，在一次雅典举行贝壳放逐法的集会时，他还是被投票放逐了。在会上，一个不会写字的人要阿里斯提德帮忙填写上他本人的名字，他当然照写不误，但问了一下原因，那人说不为什么，就是老听说阿里斯提德公正，都听烦了。

做一个正直的人还会经常遇到与祸福关联的困惑，尤其是始终一贯地坚持正直的人，当他看到周围的一些人，在职场、商场、政界、学界使用了不正当的手段而达到了自己的目的，这时是不是还是要坚持正直？一个正义的人一生会不会一直顺遂和幸福？人们的确有时会发生动摇，虽然俗话说“善有善报，恶有恶报”，但我们也不难发现人世间许多好人受难而恶人顺利的情形。这时可能需要有一种长远的眼光，即在某个时段、某些事情上并非善恶有报，但在一个正常的社会里，还是会大致达成这样的报应结果。

使用不正当手段的人最终还是栽了，可能不是在“善恶相争”中，而是在“恶恶相争”中栽了。暴起的人也往往容易暴落。正直的人也许幸福和成功来得较晚，速度较慢，却不容易跌倒，更不容易一下子就栽了。另外，我们也可以调整自己的价值目标，不一定要在成功的目标上与人争胜或步步争胜。正直的人获得的最好果报还是心安。尤其当一个人在生命临近结束回首往事的时候，如果我们能够说自己的一生几乎没有做伤害别人的事情，我们也就可以大致满意了。而一个做了许多坑蒙拐骗之事，乃至欺凌孤儿寡母的人，即便他兴旺发达，但在最后的时刻回首一生，如果他还有一点人的良知，大概很难平心静气地离开人世。他得到的东西再多也带不走了，而留在身后的则是人们的骂名。

人要在自己的一生中心安理得地坚持正义，的确还是要有一种精神信念的支持。这种信念可能是朴素的，也可能是神圣的，可能只是此世的，也可能延长到个人的生命结束之后。古人常有一种只要行善积德，即便自己的此生不完满，也还可以福泽子孙的朴素信念，哪怕没有超越存在、天堂来世的信仰，也还有作为一个好人的记忆并不在个人生命结束之后就消失的世俗理由。好人的后代更有可能得到人们的看顾，留下德性的家风比留财、留权更有可能庇荫子孙。

6. 容忍

将“容忍”的德性提到一个特殊重要的地位，可能是现代平等多元社会的一个需求。

“容忍”似乎和前面讲的“公正”有些矛盾。如果我们要做一个公正的人，难道我们能容忍“恶”吗？的确不能。但我们把什么视作“恶”？过去“恶”的范围是比较广的，某些当时的社会或多数人认为不优雅或不自然的价值追求也可能被视作“恶”，比如享乐主义，比如同性恋行为。但今天我们已经将这些观念和行为视作个人追求自己价值观念的自由权利，而并不视其为“恶”了，甚至要大力为她（他）们呼吁和维权。

也就是说，现代社会的伦理在价值与规范之间做出了区分，人们对自己的生活方式和价值的追求，只要不违反基本的规范，就是正当合理的，而只有违背了那些基本的规范——比如伤害、欺诈、强暴他人，那才是“作恶”。一个公正者对这种“作恶”当然不能容忍，而对那些自己不喜欢，甚至可能心底还认为是“恶”的生活方式与趣味却不能不容忍了。

人们价值追求的差异是客观存在的，甚至是不可泯灭的。一个平等多元的社会固然好，人们可以在其中享受多元，但一个前提条件是：人们同时也要忍受多元。过去的一元社会固然也有可喜之处——如果你赞成的价值观和生活方式恰好是属于支配的一元，但如果你的价值观和生活方式并非是处于这支配的一元，而是处在被压抑的一元呢？所以说，今天得承认价值多元的社会可能显得有些混乱，但那些比较异类、处在少数的价值和生活方式有了舒展的余地。

在这多元的价值和生活方式中，有些可能是我们无论如何都没办法喜欢的。这时我们可以想想：当别人容忍我们同样异类或少数的生活方式的时候，我们不是也应当容忍其他异类甚至多数的生活方式吗？我们可能还是说不上喜欢，却必须包容和容忍。如果这成为我们的一种习惯，一种德性的要求，忍受的不快也就可能减少甚至不存了。

胡适在二十世纪五十年代末写过一篇名为《容忍与自由》的文章，主要是针对当时台湾当局对言论自由的压制，他希望统治者能够容忍言论、思想和信仰自由，但他也反省了自己年轻的时候思想上对强力排斥异端、破除所谓“迷信”的认同。他后来认识到，这种认同是错误的。我们由此可以体会到，不仅权力要容忍权利、多数要容忍少数，每个人在得到别人容忍的同时也需要容忍他人。这是自由的前提或者说社会基础。容忍不仅是握有权力者特别需要具备的德性，也是社会的每个成员需要具备的德性。否则，当弱势者得势，他们又可能反过来压迫新的弱者，压迫只是换了新的主体和对象。要打破循环就需要引入新的原则和德性。

涉及政治权力、程序的容忍固然是最重要的。制度的设计需要约束权力，要迫使其不得不“容忍”人们享有现代社会中的人应当拥有的基本权利，而不能完全信赖掌权者的道德觉悟。选民也是如此，即便是自己很不喜欢的候选人以微弱的优势取胜，也需要“容忍”当选人在法定的时间里执政。在社会的层面培养这种“容忍”的习惯至关重要。因为它不仅构成政治“容忍”的基础，而且在政治之外的社会领域内，也有许多事情需要互相容忍。

为什么要容忍？这后面的道德理据是因为平等。其思想的源头可以追溯到像孔子的“忠恕之道”这样的理念，“己所不欲，勿施于人”意味着一种将他人与自己看作是在基本的“不欲”方面平等的人，即我不欲被强迫、被伤害，那么，我也不能强迫和伤害他人。在这方面我们的人格是平等的。现代社会比这更进了一步，即在积极的价值追求方面也诉诸平等，每个人都可以追求自己所理解的幸福和生活方式，哪怕他们处于少数和显得异类。

我在这里宁可说“容忍”而不说“宽容”“包容”，即强调的不是容纳他人意见和生活方式的雅量和境界，而是就算自己不喜欢别人的意见和生活方式，但也能够容忍。这里突出了一个“忍”字。过去中国一个维护了四代甚至五代同堂的家族的权威长者说他并没有什么别的高招，就是一个“忍”字。在过去家族中有权威和等级的时代，“忍”字都特别重要，对于今天的社会来说，这种“容忍”可能就更重要了。家族今天可以缩小，但除非不要家庭，哪怕再小的家庭，互相宽容、谅解和担待也是必需的。而不要家庭的人也还是生活在一个社会里，这个社会是多元的，各人之间的差异会比家庭更大，而且没有血统和亲情来缓和矛盾。这“忍心”主要是对自己的，如果自己不忍，那就要让别人忍。所谓“残忍”，也就是对忍心的摧残。自己可以为所欲为，那别人就可能要无所欲为。

当然，容忍也是要有一个限度的。“容忍”主要是对他人追求喜欢的价值观念和生活方式而言，但如果对方破坏了基本的道德规范，比如伤害无辜者（包括自己），诽谤、欺诈、强暴等，那么，对不起，我们也必须奋起抗争。所以我们会碰到这样一个问题：对不容忍者是否也要容忍？这就要看对方是否越过了行为的底线，如果对方真的施虐，那么就必须反击。容忍只会让对方更加嚣张。

所以，容忍并不是软弱。但它的确显得比较柔性。它也可以说是一种为人的厚道。我们需要一个说理的社会，说理会解决许多问题，甚至平等尊重的礼仪也会解决一部分问题。但还是有些根深蒂固的价值取向的分歧靠说理也解决不了。这样，只要我们各自的价值观不分歧到彼此伤害的地步，那就只能互相容忍。

古罗马皇帝马可·奥勒留有一段话我相信他是作为自己的座右铭的，我觉得这段话也很适合作为我们的座右铭。他说："一日之始就对自己说：我将遇见好管闲事的人、忘恩负义的人、傲慢的人、欺诈的人、嫉妒的人和孤僻的人。他们染有这些品性是因为他们不知道什么是善，什么是恶。但是，我——作为知道善和恶的性质，知道前者是美后者是丑的人；作为知道做了错事的人们的本性是与我相似，我们不仅具有同样的血液和皮肤，而且分享同样的理智和同样的一分神性的人——绝不可能被他们中的任何一个人损害，因为任何人都不可能把恶强加于我，我也不可能迁怒于这些与我同类的人，或者憎恨他们。因为，我们是天生要合作的，犹如手足、唇齿和眼睑。那么，相互反对就是违反本性了，就是自寻烦恼和自我排斥。"

奥勒留是处在当时一个大帝国的皇帝的地位，他拥有巨大的权力，是完全可以不容忍别人的，他却表现出一种巨大的容忍。他每天要接触形形色色的人，他心中有数，清楚他们是些什么样的人，有善良、正直的人，也有居心不良和自私自利的人，但是，他不一定都说破，甚至对那些图谋私利的人，也还是可以用他们的所长，只是要限制他们的私欲。他最大的容忍还表现在他没有将自己的德性标准用来要求别人，他不企图将他们都改造得和自己一样，没有在帝国强制推行他自己的人生哲学。但他还是能知人善任，让帝国良好运转，被认为是古罗马帝国的一位贤君。

他能这样做是因为他同时看到了人的差异和共性。这差异就是人有或好或坏的各种秉性和意图，一个人拥有再大的权力也不可能把所有人都改造为天使。但即便是那些品性恶劣的人，他们也还是我们的同类。而且，作为一个帝国的最高统治者，他不可能不兼顾所有人，不可能不和各种各样的人协作。那些品行不佳或做了错事的人之所以如此，只是因为他们并不真正知道什么是善、什么是恶，而我作为一个知道什么是善恶的人，自应该不迁怒或憎恨他们，甚至应该可怜他们。作为一个有这种认识的人，恶人的恶也不能真正损害到他，而善人的善却可以给他慰藉和鼓励。

当然，朝廷尤其是一个是非之地，一个争权逐利之地。我们普通人一般不会接触那么多人，包括那么多抱有野心和私欲的人，这甚至可以看作我们的一种幸运。在某种意义上，做一个普通人对周围的人和自己生活方式的选择余地可以更大。我们更有可能各从其类、各得其所地生活。当然，如果你不想做一个像奥勒留那样有德的皇帝，而是做一个能够以最大权力获取最大利益的“皇帝”，那么，这种高位当然是最有吸引力的了。这种野心就需要靠制度来限制。

7. 自律

我这里所说的“自律”不只是指自我节制，更是广义地指自我接受理性的自我管理、在自我训练中成长。或者说，主要是在康德意义上理解的意志“自律”。

康德提出了三大绝对命令：普遍立法、意志自由和人是目的。但意志自由的最重要意义其实是自律，即那具有普遍性的立法应当是意志自己为自己立法、自己给自己加上理性的约束。这后面自然是“人是理性的存在”的观念在起作用，而这“理性”并不是人们的实用理性、工具理性，而是一种普遍的道德理性。人凭这理性不仅属于现象世界，也属于本体世界。它并不全然排斥工具理性，就像“人是目的”所说的一样，并不是将人仅仅作为目的，而是在把人视作手段的同时，也将人看作目的本身。人是我们所知的唯一理性存在，这是人和其他存在物的根本区别。人并不仅仅凭自己的工具理性或欲望而生活在这世界，他还将自己视作本身就是目的的理性存在而生活在这世界。他的生活要受普遍理性的指导和约束。“普遍立法”说你要如此行动，即所有的理性存在都可以这样行动，即是将他人与自己在道德上平等看待，所以你可以做的也是别人可以做的，而所有人都可以做的就具有了一种普遍性，这种普遍性就将约束个人的行为。但它又不仅是约束，它也是出自人的自由意志，作为自由的理性存在，他就应该如此自己给自己立法。所以，它也是一种引导，是一种提升，人应该按照自己最本质的特性生活，也活出人的真实的甚至也可以说是高贵的存在——高出动物性的存在。

当然，自律肯定首先还要包含“自我节制”之意。节制是一种古老的德性。节制主要是对欲望——尤其是物欲而言，也是对人的各种非理性的任性而言。节制是古希腊人的四主德之一，他们以此来平衡对各种价值目标——包括对优秀和卓越——的追求。如果说同情和容忍意味着对人要有一种厚道，那么，自律就意味着对自己要寻求一种中道。除非具备很特殊的秉性和境遇，我们应当考虑尽量不走极端，在个人与他人之间、在各种极端倾向之间尽量建立起一种平衡。

在柏拉图那里，勇敢和智慧也许不是对所有人而言的，或者说不是在所有人那里都要求和强调的。但节制是对所有人的要求，不仅多数人要节制自己的欲望，少数人也要用理性和智慧来节制自己的行为，包括那些主要承担勇敢和智慧之责的人们。而所有人、所有阶层都各守其分，这也就是社会的正义。

在古代中国，也同样强调节制。“礼”和“名”就是对各种身份的人的一种节制。对一个关键的少数——士大夫的节制甚至要比对普通老百姓的节制更为严格。节制是对各种欲望，包括物质的、政治的甚至名望的欲望的节制。但节制并不是禁止。这和一些宗教信仰的禁欲还不同。无论是古希腊、罗马还是传统中国，在一个人文主导的世界里，节制并不抑制人们对此世生活理想的追求，甚至可以说也是为了保证其中合理的理想的成功，虽然德性本身自有其独立存在的价值。

从根本上说，意志约束自己是一种与他律对立的自律，但是，在意志的训练过程中，它又常常表现得像是“他律”，不那么自由，即似乎是外在的规则在约束我。但这似乎仅仅是外在的规则正是意志的合理自律。当然，指望这种自律什么时候都符合自己的愿望，都让自己轻松愉快、感到自由是不现实的。达到欲望与理性的完全一致，即如孔子所说的“从心所欲，不逾矩”是很不容易的，要经过长期的磨炼。所以，自律又必须是一个自我训练的过程，是有意识地根据合理的规范不断要求自己去实行的过程。

在过去有些时代，有些个人会因为种种原因，例如对人生或政治的激愤，故意行为放诞，不守礼法。像阮籍就曾在母亲死后照样喝酒吃肉，中书令裴楷去吊唁，阮籍刚喝醉了，披头散发、伸开两腿坐在床上，没有哭。这些都不合礼法。裴楷到后，退下来垫个坐席坐在地上，哭泣尽哀。吊唁完毕，就走了。有人问裴楷："大凡吊唁之礼，主人哭，客人才行礼。阮籍既不哭，您为什么哭呢？"裴楷说："阮籍是超脱世俗的人，所以不尊崇礼制；我们这种人是世俗中人，所以自己要遵守礼制准则。"阮籍的确有一句话是："礼岂为我辈设也？"看来他也没否定"礼"对社会、对绝大多数人的必要性，只是认为自己和自己的少数几个朋友可以例外，他甚至不让他的儿子学他，"竹林七贤"实际后来也分化了。而裴楷说得也很合理，我们大多数人不是那种才高且颖悟，对人生也别有追求的"方外之人"，我们可以不管他们而做我们该做的。即便是才高而颖悟者，可以理解像阮籍、嵇康、刘伶那样的价值追求，但自己也可以有不同于阮籍、嵇康那样的价值追求，比如孔子，他的一生就是主张并严格实践"克己复礼"的。

阮籍、嵇康采取这样的生活方式可能恰恰是因为有外在被压抑的境遇和内心深刻的隐痛，而且，在一个社会里，有少数人采取这样看来放诞的生活方式并无大碍，也显示出一种生活的意义，他们也准备好为自己这样的生活方式付出代价，或采取某种方式自我保护。但如果整个社会都如此放诞，肯定也会造成很大的问题。

对于我们大多数人来说，自律在任何时代和社会都是需要的。如果说一个人的欲望必须尽情地得到满足，那么，首先是他的家人、朋友就必有欲望不能满足。如果养成了这样的习惯，即便家人可以容忍，到社会上一定会碰钉子。别人并不拥有像你的父母和亲友那样对你的感情。别人并不是为你而活的。当然，反过来，你犯了什么错误别人也不会那么看重，对你的挫折，甚至你的羞耻大可不必有太重的心理负担，以为别人也随时像你一样记着你的失误。

自律在现代社会看来尤其需要，这恰恰是因为现代社会的人们往往只看重自由而看轻自律。现代是一个放任欲望的时代，而且往往是放任物欲，并要求社会尊重各种异类和弱势的欲望。但有些欲望是无法全面满足和同时兼得的，这就需要平衡和自我节制。

为什么要自律，要自我节制？为什么我们要让自己不自由？其实自律恰恰可以说是为了自由。自律并不是自我贬抑和压制，或者说有一些压制也是一种手段而不是目的。我们最后也要通过这种手段达到一种如孔子所言“从心所欲，不逾矩”的境界，这境界就是一种自由的境界。自律也是自重，是自尊。至于行为的自由，对个人来说，也可以说没有自律就没有自由，不懂约束自己的人会不断碰到障碍；从社会来说，没有法制的约束也就没有自由：自由的程度则与这种法制的法治成分成正比。

老子《道德经》中有言："自知者明""自胜者强"。我们要知道自己，知道自己天性中的优点与弱点，知道自己品行的长处和短处，努力把握自己，乃至首先战胜自己的弱点。有一些弱点是相当广泛地为人所具有的，比如与自己能力不相匹配的欲望。我们在人生开始的时候总是容易对自己估计过高，这倒也不坏，能够给我们以自信，但如果随着年龄增长，始终不知自我调整，那可能就不好了。

现代社会舆论有一种趋势：如果自己不能实现自己的愿望，就往往怪罪于社会和他人，认为是自己所属的群体受到了压制，似乎只要撤除了这些社会压制，自己就能够成功、能够幸福。这不是没有一定的道理，有些群体的确是处于社会的不利地位的，需要改善他们的整体条件，但即便如此，我们看到有些人依旧能够从中脱颖而出；还有些群体其实并没有受到多少压制，有的甚至得到了特殊的关照，但依然没有很多人因此而出类拔萃。于是我们可以发现，在一个基本正常的社会里，那些能够出类拔萃的人主要还是依靠自己的力量而变得强大，他们往往比其他人更努力，更自律，更能够训练和把握自己，从而获得了真正的自由。自由不等于解放，解放往往是来自他人，而自由应当是来自自己。

我们还会遇到"意志薄弱"的问题，尤其是在青少年的时候。这就需要在事上磨炼，即在行为上着力。德性在某种意义上也就是我们的行为习惯。自律尤其是如此，训练自律必须是努力地去做某些事，或者坚决地不做某些事。这种训练可以从小事上开始，从日常开始。有些事情可能并不重要，通过训练却可以磨炼我们的意志，提高我们的信心。一个平时在日常生活中毫不检点、恣性而为的人，很难指望他到了重大关头就会一下子变得能够压制欲望、抵制诱惑和承担压力。或者说一个连自己也管理不好的人，很难管理好别人，或是管理好自己的家庭事务。正如意大利作家卡尔维诺在《巴黎隐士》中写到的："我对任何唾手可得、快速、出自本能、即兴、含混的事物都不信任。我相信缓慢、平和、细水长流的力量，踏实、冷静，我不相信缺乏自律精神、不自我建设以及不努力可以通往个人或集体的解放。"

我们如果从德性培养的角度观察，孔子说"十五有志于学"，这"学"主要是学做一个君子，学做一个堂堂正正的人，"先立乎其大者，则其小者弗能夺也"。到"三十而立"，一些好的行为习惯最好就能够稳固地确立，比如诚信、公正、具有同情心和坚持不懈。"四十而不惑"，这时即便碰到很大的诱惑和压力也不致动摇和改变自己的德性了。"五十而知天命"，这时可以说完全知道了自己的使命和限制，对整个人生有了一个清醒的认识。"六十而耳顺"，这时越发能够容忍别人了。最后才是"七十而从心所欲，不逾矩"。这还是像孔子这样的圣贤才能达到的境界，但我们也可以期望，到老年的时候我们不管他人而放任的各种欲望也会淡化和减弱，甚至有意识地被淡化和减弱。我们不能太急，以免对自己太失望和沮丧，有些德性是需要成长的经验和阅历才能养成的。我们不必“少年老成”，甚至有时大节守住，“小节出入可也”，虽然这并不意味着放弃自己的不懈努力。

以上谈到的诚信、同情、公正可以说是任何社会都需要和强调的德性，而勇敢或是古典时代更看重的德性，但今天也可以做一些新的解释。而容忍与自律看来是在现代社会更需要强调的德性。其中诚信、勇敢、自律更彰显个人，而同情、公正、容忍则更多的与他人相关。但它们都是在一种人我关系和群己关系中展开的。

德性并不限于这六种，就是目前我们谈到的这六种，也可以有不同的界定和解释。人们也不一定全面地具有这些德性，或者说，一个人可能在某些德性上比较突出，在另一些德性上比较单薄。

其实还有一些古典的德性，比如优雅、高贵，今人可能已经不太推崇甚至理解。它们是猥琐、粗俗和下作的对立面。比如说古罗马的将军卡米卢，一次围攻一座法列里爱人的城池，久攻不克，城里有一个人希望得到巨大的奖赏，将一些孩子哄骗到城外交给这个将军，说这些孩子是城里最有权力和名望的人的孩子，你将他们扣为人质，城里的人就会投降了。但这位将军怒斥道：“我们是有荣誉感的武士，我们与法列里爱人虽然没有正式的条约，但有一种人类基于人性的关系。我们要靠勇气、战略和精湛的武艺去征服敌人。”他反而将这个人和这些孩子都送回城里并说明了原委。

第七章 人际关系

人是群居的动物。每个人都生而处在一个关系的世界。可以尽量简单，但不可能完全逃脱。这些关系构成一种资源，也构成一种限制。

1. 独立与交往

人是群居的动物。每个人都生而处在一个关系的世界。可以尽量简单，但不可能完全逃脱。这些关系构成一种资源，也构成一种限制。

人因其有独特的身与心，他又是独立的个体。可以说，唯其有身心，他才是真正活生生的存在和主体。种种关系的处理，最后也都要落实到个人。

人也因其自我的理性和意识，构成一个个真实的思考和行动的主体。但他同时处在一个关系的世界上，同时又是别人行为的对象或客体。我们就生活在一个这样互为主体与对象的世界上。

无论是古代儒家的忠恕之道——“己所不欲，勿施于人”，还是近代康德的普遍性立法——“你要如此行动，让你的行为准则同时也成为所有人行动的法则”，都是同时考虑到了人的这样两种特点，即他同时是主体和客体，而且他和其他所有人在那些基本的不欲和所欲方面，是平等的主体和客体。

我们的确是从自己出发的，我们首先要体察自己的欲望和意志，但也要同时理性地体察和兼顾他人的欲望和意志。甚至平等的要求归根结底也是从人本质上都是有意识、有理性的存在生发的。

所以，我们要配得上“人”这一称号，首先要考虑我们的独立性，真正成为一个有理性、有感情的主体，既有自由和主动的意志，也有责任和担当。

独立性在具体的人那里是有程度差别的。人并不是一下子就能成长为一个比较成熟和负责的主体的，甚至有些人终生都缺少自己的主体性和独立性。他们往往人云亦云、随波逐流，甚至有的在生计上都不能独立，而只能依赖社会或他人。

这种独立性的确也应包含经济上的独立，当人长大成人，除非患有某些疾患，他应该是能够养活自己的，对自己的家庭也负有责任。同时他还应该具有我们前面所说的一些德性，尤其比较重要的是基本的诚信或至少行为的连贯性、可预期性；还有一定的自己能够计划和管理自己的能力，以及基本的正义观。

如果说我们是生活在一个关系的世界上，必然要和别人有所交往，而且外向的人是希望多多交往，或者是希望发生真正有意义的交往而非泛泛之交，那么，别人也愿意与独立和负责任的主体打交道，而不愿意与不那么独立和不负责任的人打交道。

一个比较独立的人，即便因为某些外在或内在的原因，比如在他的环境里不易找到朋友或者性格比较内向，他也还是能够比较内心自足地生活。

人对交往的需求在不同的年龄也有不同的强度：一般在青少年的时候，对朋友的需求会比较强烈，甚至渴望不断接触到新的人、自己认为更好的人。人成长到一定的时候，尤其是事业有成的人，他的交往面扩大了，也提升了，有机会不断接触到新的有意思的人，但这些人可能还是没成为他的朋友，这并不是说他们不值得交，可能只是时间和精力不够了。人到老年的时候，交往圈则可能、也应该慢慢地收缩，只留下几位老友，最后甚至可能只是老伴或者自己。

人的交往在不同的职业里也有不同的需求。比如政界、商界大概就需要很多的交往，需要接触许多的人，包括接触自己可能并不喜欢但是有用的人。一个外交部部长，他必须经常满天飞，到各地见各种各样的人；一个商人，也常常必须应酬，参加各种各样的宴席。而像大学的老师，不用上班，上完自己的课就回到自己的书斋，他愿意的话，几乎可以不怎么接触人。当然，大的领域里也有差别，一个政界的谋士不用太多的交往，有些潜心研究股票的人大概也不用太多的日常交往。乃至有些政治家也会遇到不得不“隐退”的时候，这个时候，“鬼都不上门了”，但他或许正好可以思考自己的经验教训，为将来复出取得更大的成功。

即便处在必须热闹的职业领域和繁华之地，一个人也可以“心远地自偏”，“大隐隐于市”或“隐于朝”。这归根结底还是因人而异。每个人都有自己不同的人生志向和生活趣味。考虑到自己的性情和志趣，一生的择业还是重要的。始终待在与自己性情不合的地方和场所还是会带来许多烦恼和痛苦。电影《立春》里的几位渴求美和艺术的主要人物不愿待在外省的小城里，她（他）们多么希望去北京发展，或至少接触一些不同的人和不同的生活世界，但她（他）们要达此目的颇不容易。契诃夫也写过外省小城中这样的人物，她（他）们有些人走出来了，有些则终老于小城。“北漂”不易，事业更难，尤其是追求艺术和美的事业。而有些一直生活在北京的人可能并不会这样觉得，可能一生只是一个“胡同混混”，一辈子都没进过近在咫尺的歌剧院。

从大的分类说，我们也许可以说有喜欢多交往的和不喜欢多交往的两种人。有些人比较外向，有些人比较内向。每个人交往的范围都有一个定数，各人按自己内心的需要，有些人可能需要数十个或几百个朋友，热热闹闹；但有的人可能只需要不多的几个，深而有味。这两个极端或可以称作“极广主义”和“极简主义”。前者或有一种广场情结，喜欢总是处在聚光灯下，引人注目；后者或有一种密室情结，比较喜欢自己安静地待着，做自己想做的事情，但他一定还是在某个时候有过交友的，或者通过他自己非直接的方式与世界保持着某种联系。

交往是相互的。你可能很希望与某个人打交道或者成为朋友，但他可能并不想与你交往，更不想成为你的朋友。而即便是朋友，相互对这种友谊的重视程度也会有差别，我们最好不要单方面地期望过高或用力太过，不要一方勉强。

孔子说“无友不如己者”，但又说“三人行，必有我师”，这看起来是个矛盾，但也不那么矛盾，作为整体的，可深交、长交乃至可以有终生之谊的朋友还是可力求上进，尤其是在比较年轻的时候；但在你也需要打交道的人们身上，你也可以尽量欣赏和学习他们的优点。

有时我们迫切地希望多多与人交往，可能正是因为我们还找不到自己的事情，也就是说还不够独立。如果有自己的许多事情可做，也就不必那么渴求交往了，或者说交往的最终目的还是为了能够在一个恰当的生活环境里自立自信自强。当然，也有的人正是把交往当作自己的事业，时下也有一种“注目力经济”或“网红经济”，你接触的人越多，你越是引人注意，那么，你也就越能有好的收益。

人们交往的形式也有诸多不同。有的人喜欢“浓得化不开”，经常见面，甚至彼此的生活紧密地联结在一起，乃至有“通家之好”。还有些人喜欢“淡若泉水”，不必常见，互相远远地欣赏，偶尔倾心交谈，像绵长细雨。有些人喜欢面对面的交往，有些人喜欢通讯的往还。还有些人喜欢宅在家里，热衷在网络上与人交往，乃至因为沉浸于虚拟世界的交往，而淡忘了在真实世界怎么与人交往。

今天我们和古人的条件大大不同了。全球化的经济、交通、网络使我们容易与世界各地的人交往。过去的人们有历史典籍，其中一些有特异志趣者觉得当世的友人不足，还可以“与古人为友”，今天更可以神往“海内存知己，天涯若比邻”。这往往是一种“神交”，甚至常常是一种“单向的精神交往”。它虽然比不上面对面的切磋交流，但有时也足可以安顿寂寞了。

根据有的传记及传记改编的电影，发明社交软件“facebook”的扎克伯格其实是一个比较内向孤僻、不擅长交往的人，当然，越是这样的人可能就越是有交往的强烈愿望。这社交软件迅速地在大学、社会和全世界铺开之后，他是否就变得不孤独了呢？也许是。他的交往肯定有了更多的自信，而一些他以前的朋友，包括共同开发这个软件的合作伙伴却分道扬镳了。我们现在还有许多社交软件，今天的社会交往看来正变得越来越容易，使远近的概念发生变化，不再有空间的距离，也不一定需要中间人的引介。这些技术手段能使我们的交往变得更广泛，但是否也能使我们的交往更深入呢？我们真的都需要那么多交往吗？

今天人们的生活已经非常依赖于电器、网络和手机了，社会的触角也伸向任何一个穷乡僻壤，像中国古代的那种隐士大概不容易有了。其实那些孤独的隐士也可能是最关心世界的人，但因为他们或者对理想世界期望过高而对现实世界评价过低，或者对自己所欲达到的期望过高而对现实的自己评价过低，不得不尽量让自我与世界拉开距离。今天偶尔也还有几个遁入密林，过着一种比较原始的生活的人，但他们也还是迟早会被发现，被“挖”出来，也有的变得愤世嫉俗，给科学家寄送“校园炸弹”而终于落网。

孔子在遇到隐士讽谏时早就怃然而叹过：“鸟兽不可与同群，吾非斯人之徒与而谁与？”总之，我们需要交往，但对交往的期望又不必过高，根底或还是放在独立自足上。且有求于人的人往往被冷淡，能够自足的人反而更有可能吸引人，因为“满则溢”而可分润于人。我们这里可以举一个或可称之为“极简主义”的古代例证：

东晋名士王徽之，字子猷，是王羲之的儿子。他有一次进京，船停泊在码头上还没有上岸，恰碰上桓子野从岸上经过。他过去听说过桓子野笛子吹得很美妙，可是并不认识他。这时听到有个认识桓子野的客人说那正是他，王子猷便派人替自己传个话给桓子野，说：“听说您笛子吹得很好，请试为我奏一曲。”桓子野当时已经做了大官，但也知道王子猷其人，立刻就掉头下车，上船坐在马扎上，为王子猷吹了三支曲子。吹奏完毕，就上车走了。宾主双方没有交谈一句话。他们可能还沉浸在美好的音乐里而无暇交谈，或者觉得有这样的交流也就够了。

也是这位王子猷，有一夜下大雪，他打开房门喝酒。眺望四方，一片皎洁，于是起身徘徊，朗诵左思的《招隐》诗。忽然想起他的朋友戴安道，当时戴安道住得很远，他立即连夜坐小船到戴家去。船到早晨才到，到了戴家门口，他却没有进去，就原路返回。别人问他原因，王子猷说："吾本乘兴而行，兴尽而返，何必见戴？"有人可能会觉得这样有些失礼，王并没有预先告知，而假如我是戴，事后知道了可能会放声大笑："哈哈，这就是我的朋友！"我能够成为别人雪夜忆念和出行的对象，也是心下欣然。

有时交往并不用言语，甚至不必见面，贵在心相知。

2. 亲疏与远近

以前传统社会的家庭以父子关系为主轴，现代社会的家庭以夫妻关系为主轴。以前的人先是为子女，后是为父母，多是生活在一个祖孙三代甚至四代同堂的大家庭里。现在的男女在前半生里有一部分时间和父母生活在一起，后半生则多是生活在夫妻、有一段或再加上儿女的小家庭里。

父母子女关系的亲情初始于血统，夫妻关系的维系则有赖于感情。如果生儿育女，夫妻则可以开启新的血统，成为父母，也就带来比单纯爱情更多的亲情和义务。但他们关系的基础的确还是感情，所以，如果父母和子女发生冲突，他们还容易弥合；而夫妻一旦分手了，感情受伤了，则很难痊愈和复合。

木心写过一首短诗《从前慢》，其中有一句是说："一生只够爱一个人。"过去人的寿命也短，在二十世纪初，人的平均寿命还只有四十岁左右，现在则接近八十岁。随着现代医疗技术的发展，人的寿命还会延长。"食色，性也"，但同为生物之"性"又有不同，人对"食"可能惯常"喜旧厌新"，"色"则容易"喜新厌旧"。二十世纪以来婚姻或者说性爱方式已经有了许多的变化。已有越来越多的人或者选择独身生活，或者作为较稳定的或不稳定的男女朋友共同生活。而未来对主要建立在感情基础上的性爱婚姻形式，还可能会有新的考验和尝试。

如果问一个人：和你最亲的人是谁？过去人们大概会回答说父母。今天不知道人们将怎样回答，或者有各种各样的回答。许多人可能回答说：我的孩子。但孩子可能并不这样认为。当然，这些孩子未来也许会回答说是他们自己的孩子。还有远比过去多的人也许会回答说：我的配偶，或者说我的伴侣。的确，至少从时间上来说，如果幸运，现代社会的夫妻生活在一起的时间，将比父母子女生活在一起的时间要多出不少。他们可以成为最亲密或最好的一种伙伴关系，但正如上述，这依赖于感情，如果感情生变，也可能成为陌如路人甚至更糟的一种关系。

但家庭或者说亲情对人生的确是重要的。尤其是面对今天这样一个变化迅速、机会甚多但挑战和压力也甚大的时代，我们可能更需要一种稳固的，可以由此出发和返回、可以随时放松也可以积蓄力量的生活和感情基地。即便是自己不愿或不能建立家庭的人，也可能还是维系着某种隐秘的亲情或感情之线。

但一个人要建立这样一种情感基地或生活堡垒是必须付出的，有几分耕耘，也才有几分收获。孔子说“立爱自亲始”。这不像“希圣希贤”是面对少数人的，而是面对所有人的。古人希望在有等级差序的人伦关系、亲亲之爱的基础上建立一个和睦、和谐的社会。

今天的社会生活已经是大大地改变了。古人的亲亲之爱是有等级差别的，强调的是“父为子纲，夫为妻纲”，尤其强调子女对父母的“孝”。而现代社会的首要价值则是平等，这种平等也延伸到家庭。但古人的“孝”也可以说是追求一种实际的平等：因为父母的“慈”从自然本能来说更为强大，那么强调“孝”也可以说是追求一种道德上的平衡。而强调女性的顺从，部分原因是当时的社会主要是男性工作，他应该承担更大的对家庭经济上的责任。

中国经过一个多世纪以来的现代社会的洗礼，社会已经发生了一些根本性的改变。过去的等差的爱自然不适合了。社会的资源也已不再集中于男性和长者，权威的经济基础已基本上不复存在。但基于血缘亲情和两性爱情的需要和义务还是不会消失，因为它们也可以说是根植于人性之中的。家庭与社会还是有所不同，其内部可能并不是一个完全适用于平等原则的领域。

今天的父母大概应该更多的去理解儿女的志趣，他们还要承担抚育和教育的责任，但不应再将自己的希望强加在儿女的身上，不应干预他们的生活。其教育的目标应该是能够让他们自己独立自由地飞翔。过去说“父母在，不远游”，今天的父母大概都会鼓励自己的孩子到大都市求学，到国外留学。

今天的儿女大概也应该更多的去体会父母的感情。他们的生活目标和方式可以自己选择，却还是可以倾听一下父母的意见，并关怀他们的生活。古人曾经讲到过一种油然而生的自然感情，即人不仅在自己幼年乃至成年之后，而且尤其在父母年高之后怀有对父母的关爱甚至依恋之情。即便是今天的孩子，在幼年时期也还是需要依赖父母，青少年的时候可能会很想离开甚至反叛父母，成年需要面对各种工作的压力，并抚养自己的儿女，但在自己的儿女长大离开以后，也常常会重新产生一种对父母的怜爱甚至依恋之情。这种感情并不期望再得到回报，或者说它本身就是回报，可以说是一种更纯粹的道德感情。

两性的爱情既然已经成为小家庭的基础，它当然也更需要珍惜甚至精心地“经营”。夫妻浪漫的激情、容貌、相互的地位和机遇都可能发生变化或淡化，这时就需要相濡以沫的亲情和责任来补足。即便是不以家庭为固定归宿的共同生活，也需要真情的投入和互相的关照。

在一个流动性大大加强、大家族基本消逝的时代里，兄弟姐妹成人后也一般都是分居乃至远离，更不要说远亲了。但毕竟是血脉同枝，还是可以尽量兼顾。但这里的确有亲疏不一的差别，不必勉强。今天的许多人可能会觉得朋友比亲人更为重要。亲人无法选择，朋友却可以选择，且是建立在自愿的基础上，合则聚，不合则离，除了有不合道义的背叛朋友，一般不会有舆论的谴责。这样，人们就有机会选择和自己志趣相投或者互相需要的人。

友爱的确是古人所重视的。亚里士多德的伦理学有许多篇幅论述友爱，古代的哲人或士人也常常结成学园或者书院，共同生活在一起研习真理。

有些人对亲人只是尽责，是自我约束，而对朋友才是发展和舒展，甚至有些人的情感生活就主要是“靠朋友活着”，他们亲情淡薄，但友爱浓烈。

亲人和朋友，这些就是我们亲近的人，是我们依恋这个世界的一个主要甚至重要的原因。

还有诸多生人和熟人。过去的普通人若不是经商从政，他们可能一辈子就生活在一个乡村，一生也就接触数百人，甚至熟悉的人也就数十人。而现代社会，则是一个可以、也常常需要大量接触生人的社会。当然，生人自然也可以是“一回生、两回熟”，甚至有的人只是见到过一次，以后再也没见面，这个人却给我们留下了深刻或美好的记忆。

但今天我们接触到的大多还是生人。越来越多的人告别乡村，进入了都市生活。而都市的生活世界基本上是一个生人的世界，你每天在路上遇到的基本都是生人，你在一个大楼里工作了多年，这楼里还是有不少生人。过去说“远亲不如近邻”，但现在都市的人们常常连楼上楼下的邻居也“老死不相往来”了。

怎样较快地融入一个基本都是生人的环境？或者也无须急于融入，就按照自然的节奏，或者最后还是“物以类聚，人以群分”。

大家“各从其类”，互不相扰，这在私人生活中可以，但在大多数职业的工作领域恐怕不行。当然，如果足够幸运，你也可以找到将生活兴趣与职业需要比较紧密地结合在一起的工作。

今天的社会似乎在短短数十年间就跨越了过去历史上可能要发展千年的诸多阶段。古人曾经只能抄书和当面授课，纸和印刷术的发明使信息的获取和教育的接受大大扩展，但它们和今天的互联网比较起来又是小巫见大巫了。现在任何人都不难在网上获取海量的信息，而更重要的是还能说和写，能发表自己的意见。博客、微博、微信等技术平台使我们几乎所有人都不仅可以看和听，也能够写和说了。各种各样的微信群还可以让我们参与自己喜欢的、兴趣和观点比较趋同的团体。少数和异类，甚至有怪癖的人也不难找到自己的同类而抱团取暖。虽然，如果人们越来越倾向于在这样的内部圈子里互相巩固和加强友谊，也有可能造成社会的各个意见和兴趣群体之间分歧越来越大，乃至越来越难取得社会的共识。

此外，还有远方那许多素不相识、以后也不会认识的人们呢？还有全人类呢？

远方的人，许多我们以前完全不知道的人，却也可能使我们萦怀非常，或者对现在正在享受的和平与舒适感到不安——有时仅仅是因为看到一张瘦骨嶙峋或仆倒海边的孩子的照片。我们和世界上的人息息相关——我们的同胞，还有我们的同类。别人所遭受的痛苦，唤起了我们心中最柔软的一块，那丧钟，也是为我所鸣。

当然，我们也会注意到另一种倾向，有些人似乎不喜欢和身边的人生活，他们对自己每天都要接触的人表现冷淡，却声称自己更关心远方的人，更关心全人类的苦难，乃至要解放全人类。

但人类也是一个抽象的概念，人权与人道主义也要落实到具体的人。爱身边的人其实也比爱远方的人要难。

中国传统的关爱次序一般是由亲及疏，由近及远。这后面有一种自然的秩序。但在平时疏远的人遇到生命危险和重大困难的时候，人们也会反过来更关心他们。

古人有一句话是："匈奴未灭，何以家为？"但还有一句话是，一屋不扫，何以扫天下？如何分辨和选择？前者可能更多的是对一部分人说的，尤其是从职业伦理的角度对一部分政治家或军人说的；后者则是对所有人说的。

我们首先还是要把自己打造成器，使自己不成为社会的负担，并对社会有所贡献。我们也要关心我们身边亲近的人，使他们也可以生活得好。我们也需要不断改善社会的环境，因为有些个人的不幸并不是他们自己造成的。

在一个全球化和高科技的时代，怎样界定亲疏和远近？它们仅仅是血缘和地理上的吗？

总之，我们今天正处在一个急速变化的时代，一个对我们的亲疏远近的人际关系提供了各种机会，也提出了各种挑战。

3. 明智与道义

我们如果像鲁滨孙一样流落到一个荒岛上，那就只有一个明智的问题，我只需理性地考虑我如何能够活下来，并尽可能生活得安全，有持续的物资保障；但是，在出现了另一个土人“星期五”之后，就还会有一个道义的问题：我应该如何对待他？如何与他相处？我们生活在一个社会，要和诸多人交往，并结成各种各样的群体，那就更会遇到许多道德问题。

明智和道义都可以说是来自我们的意识，来自我们的理性。但它们毕竟又有所不同，如何分辨它们呢？

我们或可以说，明智就是将理性用于自身，考虑自己的真实利益、长远利益或者最大利益。明智并不是恶意，也不是不顾一切、不择手段地谋求自己的利益。因为，在一般情况下，“损人利己”恰恰会损害自己真实和长远的利益。但明智的确是以自己为中心的。以“诚实是最好的策略”这句话为例，这是基于明智的一句西方格言，认为只有诚信才是获得自己长远利益的恰当手段。只有诚信才能获得自己的信用和建立口碑与信誉，这里的行动者遵循的是“利人利己”的明智原则。比如一个开饭馆的人遵循这样的准则：我给你方便美味、价格合理的食物，你给我金钱，我从中得到合理的利润，我“童叟无欺”，食物都名副其实，这样可以通过我的诚信不断地赢得回头客，从而使自己的生意能够长久和稳定地发展。

而道义则不仅于此，道义在于相信诚信是一种普遍的人与人相处，也是自己立身的道德之理，是一种“天经地义”，是一种“人之为人”就应该遵循的原则。如果我不诚信，那么我会感到自己成了一个违背“天经地义”的人，我会因此感到不安，觉得愧疚和羞耻。即便没人知道我做了这样的事情，我也不想“伤天害理”。比如说，一个人在我这里寄放了一笔巨款，说好第二天来取，却突然遇车祸身故，此事无任何人知晓，也没有字据，我要不要将钱还给他的家人？这时仅仅靠明智的原则来支持诚信可能就不够了，但如果按照道义的原则，我就会毫无疑虑想方设法将钱还给他的家人。

但在绝大多数情况下，明智与道义还是会支持同样的行为，就像它们支持诚信一样。我们读对当时社会影响很大的流行读物，比如中国的《今古贤文》和美国富兰克林编辑的《穷理查年鉴》，可以看到有些格言是基于明智的，有些则是基于道义的。下面试举一些有关人际关系的格言。

基于明智的如《增广贤文》中有："在家不会迎宾客，出外方知少主人。""久住令人贱，贫来亲也疏。""画虎画皮难画骨，知人知面难知心。""力微休负重，言轻莫劝人。"《穷理查年鉴》中有："如果你自家的窗户是玻璃的，就不要向邻居扔石头。""婚前请睁大眼睛，婚后则睁一只眼闭一只眼。"（或"婚前慎重，婚后宽容"。）"善待你的邻居，但不要撤除篱笆。""予人快乐，自己快乐。"

基于道义的如《今古贤文》中有："救人一命，胜造七级浮屠。""不作风波于世上，但留清白在人间。""一段不为的气节，是撑天立地之柱石；一点不忍的念头，是生民育物之根芽。"《穷理查年鉴》中有："不要出卖道德去买财富，也不要出卖自由买权力。""诚实的人不接受不属于自己的财富和金钱。""如果没有正义，勇气就会软弱无力。""只要怕干坏事，别的就都不用怕了。"

这些都是人们长期生活智慧的结晶，这其中包括了许多对人性、人情世故和人的命运的真实认识，也包含了许多明智的生活劝告。在人际交往中，我们在有些事情上必须坚持道义，但在更多的事情上我们可能只需要明智，甚至只是符合礼仪就够了。遵守礼仪即可避免许多无谓的纠纷和反感，明智更可避免许多矛盾冲突，以及避免陷入一些道德的困境。至于亲人之间的交往，情感就往往可以帮助我们解决许多问题，而不必事事都要说理，不必一定要分出一个青红皂白，我是你非。但有些时候，还是必须诉诸道义。

采用和引申孟子的“孺子将入于井”的例证可以很好说明道义的性质。他说一个人救助一个在井边爬着快要掉到井里的幼儿，不是为了要与孩子的父母结交而期望得到答谢，也不是为了在乡党得到名誉，也不是生理上反感孩子的哭声。他救助孩子不是为了“利人利己”，而只是不忍一个幼小的生命夭折。当然，在孟子的例证里，这是举手之劳。孟子举这个例子是说明，所有人都有这样的恻隐之心、不忍之心。我们如果稍稍改变一下这个例证，假设一个不会游泳的孩子掉到了水塘里，他正在那里挣扎，这时一个大人正路过这里，要去接自己的孩子放学，如果跳下水救他，就会耽误接自己的孩子，在这种情况下，一般人还是会义不容辞地去救这个孩子。这也说明了亲疏远近的关系：如果能够挽救哪怕是一个素不相识的孩子的生命，即便是会造成自己孩子的不便，但还是会优先考虑救那个孩子。因为一个生命的存亡，远比自己孩子的等候重要得多。甚至我们还可以假设这是一个深塘，这个大人并不会游泳，他去抢救，可能冒着生命的危险，但还是舍生忘死地跳下水去，那么，这就是一种坚持道义的高尚行为了。

面对这样的突发事件，一个人并不会仔细地推理和权衡才采取行动，这时他会怎样行动就主要靠这个人平时积累的人品和德性了。培养德性的重要性也就体现在这里。德性培养的一个意义就在于我们可以在某些情况下不假思索就做出对的行为，但这种德性的培养是基于原则的，即基于在我们的心目中认可甚至已经牢固地树立了生命至上和我们应该援助同类的原则。

但在不那么紧急的情况下，尤其是在人和人的一般交往中要推动自己和说服别人去做对的事情，我们就不仅要诉诸道义，可能更多的还是要诉诸明智，或者同时并举。另外也要看对象是谁，我们知道孟子是特别强调道义的，他去见梁惠王的时候，一开始梁惠王就问他能给自己的国家带来什么利益，孟子回答说，何必总是说利？应该是先求仁义。人们都求仁守义，社会才能安稳，国家才能安定。但最后他还是说了："仁爱的人都不会遗弃自己的亲人，守义的人也不会不顾及自己的君王。"也就是说，实行仁政、推广仁义其实对你自己也有利，对统治你的国家也是一桩好事。

我们前面区分明智和道义，说明智是出于对自己真实和长远利益的考虑，道义是出于公理和道德之我的立身，但是，在实际生活中，这两种动机不仅都可以支持同样的行为——比如诚信，甚至我们对自己行为的动机也不是非常清楚的——这两种动机经常是结合在一起的，我们甚至不能分辨其中哪一种动机更占主要地位。让我们能够分辨，甚至迫使我们选择的往往只是一些特殊的境遇——在这种境遇中，我们无须诚信也能得到暴利，或者坚持诚信就要遭受巨大的损失。这时就要逼着我们考虑我们的行为原则究竟是要根据明智还是道义了。

诸如坚持诚信、不伤害无辜、不强制他人这样一些道义原则，固然可以得到明智的支持，但其最终的理据，还是要基于道义。各人有各人的明智，道义才是凝聚所有人的公理。它提供正当行为的最终根据。虽然这道义的一些外围内容会因时代的变迁有所改变，其核心的内容却不会改变。有人或不认为有公理的存在，但也主张我们在人与人的交往中要“说理”“以理服人”。那为什么我们要“说理”，要“以理服人”呢？为什么不简单直接地就像动物界一样实行弱肉强食、强者为王、“以力服人”的丛林规则呢？这后面也就是承认人还有道德的理性，天地间有某种基本的公理了。我们并不能期望所有的人都遵循道义，尤其是都能在哪怕很特殊的境遇中也遵循道义，但我们可以相信，大多数人在正常情况下能够遵守道义，而且这种守义还可得到明智的支持，而即便在坚持道义将会受损的特殊情况下，还是有一些人会宁可受损也坚持道义。如果几乎没有什么人这样做，那这个社会就相当可悲了。

所以说，明智在我们的社会交往中固然必不可少，但良好的社会制度和人际关系中最为坚固的基石还是道义。

第八章 人生目标

我不求一个很高的目标，而是尽量平衡自己各方面的欲望和追求，努力地寻求一种中道的生活方式，但也不妨在某个时期集中精力做一件事。而最后不论我成功与否，我也同我的命运达成一种和解。社会不求完美，个人也慎求完美。或者说，个人的完美是在整个人类中达到的，个人各有所志，或许各尽其力、各展其长，总观起来，也就达到了一种相对的完美。

1. 财富

财富大概是一个最被人们广泛追求的价值目标。或至少可以说，它远比另外两个人们也常常追求的具体价值目标——权力和名声更广泛。一个普通人可能不想、也没有条件获得权位或者出名，却希望有较多的钱财。因为权、名都是稀缺性的，没有稀缺性也就不成其权力和名声了。它们都必须脱离大多数，必须出众，故而只有少数人依靠能力，还要加上一些运气才能得到。虽然可以恭维你是国家的主人，说你是领导一切的阶级的一分子，享有某种多数的“荣誉”，但实际的权力总是由少数在掌握的。甚至即便在民主、多数裁决的社会，也还是少数人在做日常治理，多数人只是可以几年一次地选举这少数人而已。名声就更是如此了，如果你只是享有一个多数团体的“名声”，实际上也还是无名。

但财富的确可以比权力和名声更加广泛乃至均匀地分布。财富还具有一种方便的交换性，它不仅可以方便地在内部各种形式的财富之间进行变换，也可以和财富以外的你想要的东西进行交换。财富首先可以直接和舒适优越的物质生活挂钩，你可以享受不同程度的财富自由：菜篮子的、超市的、旅行的、购房的、出国的等。你还可以用金钱购买许许多多、各种各样的服务。你还可以用它们来为你自己和家人的教育或艺术欣赏进行投资。在某些社会，你甚至还可以用它们来公开或隐蔽地购买权力和名声，比如官职、学位、荣誉称号等。

财富还有一种方便的传递性。官位在今天的社会不太可能直接传递，名声也是如此——虽然家庭出身依然是一种优势。而财产则可以直接让儿女、亲戚继承，也可以赠送朋友，接济你认为需要或者你喜欢的人。财富也有一种可隐蔽性。你自然可以炫富，但也可以尽量隐藏或转移自己的财产。它们不像官位是“明晃晃”的——不“明晃晃”则常常无以行使这权力，而名声甚至还要努力争取和不断扩大这“明晃晃”的光环。财富则可随你所愿在不同的程度上或藏或露。

获得财富也不像获得权力那么难，不是只有一座独木桥，固定的官职总是很有限的，越往上也越有限，而且存在较大风险。获得名声虽然有多种途径，但名声也容易变化——好名容易变成恶名，也容易消失——可能只是“各领风骚几十天”。财富却相对可靠得多、踏实得多，只要你的性格相对保守——不总是在为求暴利而冒险投资，你可以马上收山而财富还在你的手里，不像官职一旦放弃就没有权力了，名声一旦失去也就没有人记得你了，财富可以按你的心愿延续和使用，可以细水长流，也可以快意地一掷千金。

财富的确是一个相当广泛和普遍的价值目标，但人们对它的态度实际上又不同，即便追求和接受，也还是将它置于不同的地位。大致说来，或许可以归类出四种主要的态度：

第一种态度，是将发财致富作为人生的唯一目标。这样的人可能觉得生活中的其他一切都寡淡无味，只有追求财富能够使其立刻提起精神，焕发斗志，一提起金钱才两眼放光。对他而言，财富不再只是幸福的手段，而成了目的本身。有些人不仅一心一意要挣钱，还是一个守财奴。但我以为，这样的人还是很少的。

第二种态度，也就是将发财致富作为自己人生的主要目标，或者说最高的目标、最优先的目标，但他们的确还有生活中的其他目标，比如天伦之乐，赢得朋友和名声，乃至得到一定的权力和社会影响力，或者为了给自己创造一种可以过精致生活的物质条件：不仅是过一种精致的物质生活，也是过一种具有艺术情趣或其他趣味的生活。

第三种人可能是将财富作为人生的次要目标，却也是必要的目标，即不想以主要的精力去追求财富，但还是希望过一种体面乃至精致的生活，过一种也能让自己的家人、亲友舒心甚至享受的生活。甚至只是为了争取和保持自己的独立性，也需要相当的经济基础。但和前一种希望过这些生活的人的不同之处在于：他们不想把自己的主要精力花在追求财富上，如果不如此就不能得到较多的财富，他们宁可调整自己的生活方式，减少那些特别需要物质条件的成分。他们不想在满足物质的需求上太累、太费力。

第四种人是很稀少的，他们甚至不将金钱财富作为自己人生的目标，当然，这不意味着他们不需要起码的物质生活条件，但他们愿意接受一种物质上很简单的生活，甚至有意地追求一种简朴的生活，比如像写《瓦尔登湖》的梭罗，像中国历史上一些在穷乡僻壤生活的隐士。还有些宗教的信仰者，甚至视财富为粪土，视金钱为罪恶，如果说他们需要一些物质的东西，那也只是为了肉体的生存而不得不暂时忍受它们罢了。

他们也常把对财富以及权力的态度视作人品和精神高下的一个标志。《世说新语》中记载：管宁和华歆一同在菜园里刨地种菜，看见地上有一小片金子，管宁不理会，举锄锄去，跟锄掉瓦块石头一样，华歆却把金子捡起来看看，然后再扔出去。还有一次，两人同在一张坐席上读书，有达官贵人坐车从门口经过，管宁照旧读书，华歆却放下书本跑出去看。管宁就割开席子，分开座位，说道："你不是我的朋友。"

第一种、第四种两个极端的人大概都会很少，而中间的两种人会很多，中间两种人的差别只是在于将财富看作人生目标的主要还是次要、最高还是次高之别。每个人的态度也不都是一生固定的，也有阶段之别，一个人可能在不同的时候采取不同的态度，甚至大幅跳跃，从一个极端走到另一个极端，但也有许多人可能终身就持一种态度。

财富有众多人追求。财富能够保障丰裕的物质生活，也可以提供闲暇、体面乃至尊严。一个人自己自然可以鄙视财富，在一个拜金主义盛行的社会甚至体现出一种特别的高尚。但是，也的确不必痛心疾首，乃至痛诋别人和社会的逐富。分道扬镳、各得其所也许就好了。

而财富的确也有它的问题，一是大家都竭力追求财富的话，肯定会有利益的冲突，怎样公平地处理这些冲突？其次，财富还有一个度的问题，多少算够？古希腊的贤人说："中等财富是最好的。"雅典虽然昌盛，但雅典的公民，不论贵族还是平民，都不甚以财富为意。

追求发财致富还首先受到手段的限制，这是道德的限制，后果严重的话还会受法律的限制。就其严重性的递减而言，最严重的自然是杀人越货，谋财害命；其次是盗窃抢劫；再次是坑蒙拐骗。而与制度有关的则是权钱交易、权力寻租等行为。

其次，追求发财致富还受到能力的限制。如果排除权钱交易，那么，要想豪富，就需要拥有特别突出的能力，首先是经商的能力、经营的能力，或者拥有一些能够让别人购买或捐助的特殊个人能力，如体育、娱乐、影视等方面的才能。还有就是各种偶然性：如各种意料或意外的遗产，赌博中彩等，但这可以基本忽略，因为我们无法将一个人的人生规划建立在偶然性上。

这里或许可以谈谈哲学家自己如何看待财富。从明智的观点看，古希腊先贤的一个普遍看法是“中等财富是最好的”。他们绝不想和商人比富，但最好也不是赤贫。当然在有些无奈或必需的时候也“安贫乐道”。现代社会的一个例子是德语哲学家维特根斯坦。他父亲是一位钢铁大王。维特根斯坦并不在乎财产，但的确还是得到了遗产的好处：这使他在相当长一段时间里可以不考虑生计，一心一意地钻研哲学。这也使他可以设计自己的房子。他一直清贫地生活，甚至做过小学教师来谋生。他后来要捐赠遗产，自然不会给富人，用他的话说，他认为他们已经败坏了；他也不想给穷人，因为不想败坏他们；于是他将遗产都捐献给了一些穷困潦倒的艺术家。当然，维特根斯坦还是哲学家中比较特别的。他有遗产，但没有婚姻和孩子，否则，可能还是会需要较多一些的财产。但也不用再多了。或许可以说，真正的哲学家无论自己贫富，总体上不是太在乎它们。甚至如果社会的贫富分化不太厉害，社会所有成员基本上还过着一种体面的生活，也不会太在乎社会的贫富问题。我们不必太紧盯着物质。

2. 权力

我们这里要谈的权力是指政治权力，即与国家、政治制度和政治组织联系在一起的权力，而不是微观的、渗透在社会的各种自愿组织或者家庭的领导力或者对社会舆论的影响力。政治是涉及千百万人的生活的。按照韦伯的定义，国家是在一定地域内垄断的暴力。所以，权力总是带有某种强制性，它最后的根基就是暴力，虽然是具有某种合法性或制度性的暴力。

通往政治权力的道路往往只有一条：权力是有排他性的。竞争者众，但职位往往只有一个，尤其是最高权力。权力就像一座金字塔，越往上位置越少。中国皇朝的历史上，也许北宋的建立者赵匡胤是以最少暴力获得政权的皇帝，但是，据说他也曾言："卧榻之旁，岂容他人酣睡？"所以，在"中国"概念的影响下和皇权政治的格局中，他只要有力量，他就要寻求统一，将权力都收束到一起。

权力不是所有人都能追求的，它需要一种特殊的政治能力，也需要政治的抱负乃至“野心”。它同时也很需要运气。有时在合适的时候处在合适的位置要胜过精心争取和政治能力。当然，反过来也是一样，如果恰恰你处在某一位置，这个位置成了挡别人道的障碍，那么，你即便没有更大的野心，也可能被清除或替换。

如果说追求权力并不容易，那么，人们追求权力是为了什么呢？为什么总是会有一些人不可遏止地追求权力呢？

也许一些人是为了权力本身，即为了获得一种可以颐指气使、指挥号令他人的地位，他很享受这种感觉，觉得是最大的幸福，除了权力，他可能对其他东西都不感兴趣，甚至财富和名声也无所谓。当然，只要有权力，也就一定会有很好的、甚至最好的待遇和安全保障，对于其他他想得到的东西，他便可以招之即来，挥之则去，所以他不必太在意。至于名声，那也是显然的，甚至不必是一个大国之主，只要是在一个政治共同体中拥有绝对权力的人，都会不仅让国内所有的人都知道他，都崇拜或畏惧他，而且在国际上也能获得比他的国家分量更多的注意。另外，权力也往往是他喜欢的一切的东西的保障，有了权力就会有一切，没有权力就会丢掉一切。

这就涉及另一种情况，即权力在一些人那里主要是作为手段在被追求。有些人也许并不迷恋或贪恋权力本身，但知道权力是改变社会乃至改造人最有力、也最快见效的手段，他若要实现自己的某种政治理念、抱负或者他认为好的、甚至完美的社会理想，他必须获得权力。

还有的人则是自己并不喜欢权力，但是处在某种社会地位上，看到自己的国家出现了危难，或者素有贤哲的名望，就被其他人请出来，这时，他可能衡量再三，最后还是出来领导这个国家。比如古代雅典，在公元前六世纪的时候，城邦出现了巨大的危机，穷人和富人势如水火，这时人们需要梭伦出来做执政官领导城邦，处理危机。梭伦最后答应了，这就导致了著名的梭伦改革和立法，他为后来两百多年雅典的繁荣昌盛奠立了根基，但他自己在处理完这些事情之后，立刻引退，离开了城邦。在这个时候，他要成为持久的统治者是很有可能的，但这不是他最喜欢的事情，而且他认为一个僭主上去容易，但体面地下来难，他想必也认为像雅典这样的城邦的发展，最好也不要一个僭主似的统治者。

当然，还是有些人渴望通过权力去获得和维护某个集团乃至自己的私利。等而下之，一些人甚至将获得官职作为一种投资，不惜用金钱去贿赂或者买官，这样的人做官以后的行为自然可想而知。

战国后期的李斯曾经因为看到仓鼠与厕鼠的差别，立志要去从政以获得优越的权力地位，以助他实现自己的某种政治理念。他从儒家的思想转向了法家，去了当时最有可能实现这一政治理念的秦国，最后帮助秦皇实现了天下统一，当上了一人之下、万人之上的丞相。但他患得患失，纵容了赵高与秦二世的夺权，最后自己和儿子还是被处死。临刑前他凄然叹道，如果他能与儿子一起带着猎犬去野外打猎就好了，但位极人臣，想过普通人的生活岂可再得？而像帮助越王勾践复国的范蠡可能更明白权力的本性，他成功身处高位之后即飘然远引，隐姓埋名，依靠自己的能力做一个富翁去了。

中国三千多年的文明历史一向重视人间，也重视政治。在社会上突出政治和“官本位”大概是三千多年来的一贯制度。延衍至今，人们往往一方面痛恨官场的腐败，另一方面还是经常对权力趋之若鹜。解决的办法大概是应该让权、钱、名尽量分流，遏制“权钱交易”“权名交易”。

由于权力的这些属性：基于合法或制度性的暴力、对人及其各种资源的支配性，驯服权力一直是古往今来社会的重大课题。没有权力，没有政治社会，人类就要陷入各自为政乃至人人为敌、谁的生命与安全也没有确实保障的“自然状态”，但有了政治社会，就不可能不由少数人来做日常治理，如何驯服和制约这少数人掌握的权力就是一件困难的事情：不能不让一些人用权，但又要保证他们不滥用。按照政治社会的来源、应有的道德目标来说，权力是应该维护这个社会的安全和公益的，但它又必须是由各种各样和我们一样怀有自己的目的、利益、欲望的人来执掌。而权力的本性也使这些人容易遭到腐蚀，所以不能不对权力进行限制。

这里当然要进行有目标的限制，即肯定应当防止那些仅仅以享受权力为目的的人获得权力，也要防范那些想通过权力来谋求某一集团或个人私利的人。但即便是那些试图通过权力来实现看来“良善”的政治理念和社会理想的人，也需要分析他们的理想，这种理想不宜离人性太远，更不能离人道太远。它应该比较真实地符合这个社会的绝大多数人的所求所愿。社会不能成为某些政治理念的试验场。由于对这些理想理念的实践验证必须有一个过程，并且这个过程可能付出惨重的代价，所以，对权力的手段约束比目标约束可能更为重要，也更为可行，即不让权力越过某些不可妄为的行动的界限。这就需要用权力制约权力，也用其他的社会力量比如舆论来制约权力，且从制度和价值观念等方面促成权力与金钱、名声和社会地位等其他利益和追求的分流。

3. 名声

我在这里所用的“名声”是一个中性词，不同于“名誉”或“荣誉”。但也像前面所说的财富与权力一样，是超出一般水平或平均水准的，也就是说，不是大多数人在一个较小的、往往是直接接触的人群里的知名，而是在一个比较广泛的人群中的知名，但能够拥有这种知名的人是少数。它同样具有稀缺性。如果说它似乎不稀缺了，就像我们赞美某国人一样，虽然你也是其中的一分子，但个人还是等于无名。而作为价值追求，许多人是不会满足于此的，他们追求的是个体的名声。

相对于财富与权力来说，名声似乎不那么实在，看来没有实惠，而是带有某种精神性。但有些人甚至愿意放弃财富和权力来追求一个好的名声，或者当他有了一个好的名声就对自己的行为特别谨慎。古人可能更多地说“荣誉”而不说“名声”，“荣誉”是一种褒义。许多古希腊城邦的人将追求荣誉放在第一位，这里最重要的当然是当一个勇敢的战士和杰出公民的荣誉。无论是西方还是中国的贵族，也极其重视荣誉，为此甚至愿意放弃自己的生命。当然，也有求无名的，比如庄子，他认为只有无名才能保全自己的生命和真性，为此也就要无功、无为，尽量在世上不留下什么痕迹。当然，像庄子这样的人是极其稀少的，且正因其稀少，而其思想与才华又极其突出，所以依然在历史上留下了名声。

历史上也有一些求名甚笃的人，如果不能得到好名声，也宁可得到坏名声，即所谓“不能流芳百世，也要遗臭万年”，或者觉得人生短暂，“日暮途穷”，哪怕“倒行逆施”也要在历史上留下一点什么。这一类人或可说是将名声真正作为目的本身来追求的。还有像魏晋的一些名士，他们很注意自己的名望，对权力、官职和财富倒比较淡泊。他们也相互赏鉴和品评各人的名望，使名望也成为能够抗衡权力的一种力量。

但更多人不仅考虑名声的好坏，还考虑名声将带来的其他东西。有的人求名也是为了求位，这在古代比较明显。有的隐士有意在民间“养名”“养望”，甚至朝廷求其入仕也拒绝，这样不断造成更大的名声，直到他自己认为该出山为止。他知道有时恰恰是对名声的拒绝反而能造成更大的名声，对荣誉的拒斥也能带来更大的荣誉。当然这有点像走钢丝，有时也可能把握不好而前功尽弃。

现代社会的求名就更多是与利益、财富相联系了。虽然在任何时代和社会都有一些人能够从单纯的名声中得到很大的满足，他们单纯地希望能够始终都“走在红地毯上”，被聚光灯包围，到处被人谈论、被人注目、被人回首，但是，如果这种名声同时能带来巨大的经济利益，当然也不拒绝。也有一些人主要就是为此而追求和制造名声。现代市场社会有了“粉丝经济”“网红经济”“注意力经济”，只要受到众人关注，就能得到巨大的好处。所以一些娱乐明星为了保持和扩大名声，甚至需要不断制造话题，有时哪怕是制造绯闻，务求不被冷落。

名声倒不像权力那样实现的路径比较单一，有时还可以“暴得大名”，一下就从籍籍无名变得赫赫有名。相对来说，名声还是比较自然地形成的，要依赖于别人的自觉注意——虽然也可以软性和隐蔽地精心营造，但毕竟最终还是要诉诸别人的自愿。这倒也是它比权力和财富都“清高”的地方。

求名也有多种多样的途径，有时甚至是在偶然和无意间得到名声。在今天多媒体技术非常发达、传播非常迅速和广泛的情况下，有时一个段子，一个白眼就可能使人成名。这种情况也给一些始终沉在下层，靠自己的努力很难出人头地的人们提供了一些机会。他（她）们有时甚至可以用自己某些惊世的怪异言论引起人们的广泛注意，不惜成为人们嘲讽的对象，但人们也慢慢认识到他（她）们的不易和艰辛，而且注意到他（她）们的才华可能并不弱于许多世家子弟。

权、钱、名，大概是人们最广泛追求的具体目标了，它们之间也有一种相通性，但我们还是希望它们最好能够分流，尤其是防止“权钱交易”“权名交易”，权力不仅容易侵入到财富的领域，也容易侵蚀到名声的领域，包括一些素常的“清名”，比如学位和学术的名誉。有权的人就让他们好好使用权力为公众服务，而不是通过权力获得巨大的财富和一大堆的头衔名位，这有违公正。而且人们所看重的东西实际也是有所不同的，最好各得其所，各求所愿。这样，使人出众的各种目标和资源也能够相对分散和增多，不是“赢者通吃”，各人也就比较能够各遂所愿。

4. 卓越

我们可以把“卓越”定义为对人之能力的充分发挥，首先是一个人在他自己的某一方面做到了最好，但是公认的卓越可能还得是某种人类能力的高水准，即他的个人能力达到一定范围内代表人类能力的优秀水平。

人的能力是多方面的，所以有各种各样的卓越。有体力的，如身体的速度、力量、柔韧、耐力等，或者各种体能的平衡，这优秀表现于体育竞技场上。它们与天赋有关，但当我们称一个人为卓越时，更重视的还是后天的训练和努力所达到的成就。所以，一个女性，甚至一个残疾人所取得的身体力量和速度等方面的优胜桂冠，虽然可能达不到正常人和男性所达到的冠军水准，我们也同样视之为卓越。如果一个人天生长得很美丽或英俊，我们会欣赏和赞美这俊美，但并不是以卓越之名。

要追求被认可的卓越的人，也许还是要考虑优先发展自己占有先天优势的那方面能力，因为只有使自己攀登上人类优秀能力的较高的梯级，才能得到较广范围的认可。有一些领域的卓越相当依赖天赋的才华，比如文学和艺术创作。也有些领域的卓越并不太依赖天赋的才华。一个普通人，可能并没有出众的能力，但他徒步走遍了全中国，包括人迹罕至的戈壁，最后甚至就永远留在了那里，他表现出了一种人类意志和毅力的卓越。

古人所说的“三不朽”：“立德、立言、立功”，也就是让人能够长久铭记的卓越。“立功”和“立言”是相当依赖个人才华的，“立功”还可能需要一定的幸运，而“立德”可以说是最不依赖个人才华，但又可能是最困难的，它需要一生的努力。

从人与社会的关系来看，人类实际上有两种基本的追求：一种是对优秀和卓越的追求；一种是对平等或公平的追求。但后一种人生意义的追求，我们已经很少从现代社会的舆论中听到了。

人类在早期，乃至到近代早期，可以说还是以追求卓越为主，这里所说的卓越不是世俗的成功，它首先、基本的是精神方面的追求——包括对信仰、智慧、艺术、人文的追求。

对精神信仰、超越存在的宗教性追求，在人类早期对人类摆脱动物状态、建立国家与文明起了很大的作用，几乎所有的古典文明都经历过这样一个“宗教”的阶段。

同时还有哲学、艺术、文学、历史等，它们使人类在精神成果方面真正区别于动物，高出于动物。

首先是精神的追求，然后才扩展到物质和身体的领域，但物质和身体领域无论取得多大的成果，都还是第二位的。古希腊人将“德性”的卓越视作最高的追求，这德性是广泛多样的，但其中最重要的是人之为人的德性，这“德性”本身实际上就可理解为一种“卓越”。他们努力追求，自己能够达到这卓越自然欣喜，而不能达到也能够欣赏别人所达到的卓越。所以，在古希腊城邦最辉煌的那几百年里，甚至就在一个不足数万人的小城邦雅典那里，我们看到了群星璀璨。

然而，我们今天还能听到这样的声音吗——人最应该努力追求的是卓越，尤其是精神上的卓越？

我们现在听到的多是要社会有更快的经济发展、更高的效益、更先进的技术发明，个人则是更大的世俗成功、更多的财富、更多个人欲望的自由空间和物质享受。

或许人类觉得自己在精神的创造上已经达到了很高的层次？

也不是说今天就没有人追求这种精神上的卓越，但是没有多少人谈论，没有多少人呼吁，甚至没有多少人重视。今天的社会人们呼吁和追求最多的什么呢？是平等、平等、平等，而且听到越来越多的是福利的平等。

当然，人们事实上还是会追求优秀、卓越和出众。甚至就在同一个人那里也是这样，他一方面会在思想和言论上努力呼吁平等，但另一方面在事实上还是会追求卓越。包括对他的孩子也是如此，他一方面会要求社会让孩子得到平等的待遇，但另一方面也还是会要求孩子努力做到优秀和出众。

也就是说，对卓越的追求实际上不会在今天人们的心理和行为中泯灭，但又在社会的舆论中似乎湮灭无闻。

我们还是会看到许多优秀者、出众者。就像我们在前面关于“权钱名”的分析中说到的，任何一个社会都不可能不分出层次，而被万众瞩目的成功和优秀只会是少数。

今天，我们还是能够看到被人们津津乐道、欣赏羡慕的出众者。但今天的“出众者”主要是些什么人呢？他们主要是在什么领域工作呢？可以说大都是和身体、财富、物质、技术、经济有关的，也就是说，主要是和内在的“物”（身体）和外在的物打交道的，诸如体育明星和演艺明星、创业取得巨大成功的企业家等。管理资源的政治家一直也是被瞩目的，但那种能够表现出精神的决断力或道德的高标准的政治家是越来越少了，当然，也可以说我们赶上了一个好时代——一个和平的时代。这些活动固然也要灌注人的精神，但毕竟不是精神的产品。

当代的精英还有一个特点，即他们必须和大众发生直接的关联，他们必须面向大众，比如生产面向大众的产品，面向大众直接表演。今天的“出众”需要的是不离大众的“出众”，是一种“入众”的“出众”。今天没有什么比受到大众的赞赏更吸引人的了，而这还意味着金钱和名声将滚滚而来。现代人看来承认甚至鼓励人在体能竞技和表演方面的巨大差别，却不肯接受和承认人在精神领域中的巨大差别。

我并不是说今天就没有一些古已有之的那种精神卓越的追求者，肯定是有的，我说的是“无闻”而不是“无行”。问题是很少有鼓励这种追求的声音，甚至这样的追求者自己也不说，或许是因为说了也难以找到同道。他们其实是希望听到一些另外的声音的，哪怕是“空谷足音”，但今天他们很难“嘤其鸣矣，求其友声”。我们今天听到的喧闹声多是和“量”有关，有关财富的数量、分配的数量，谁多得了，谁少得了。现代社会是一个数量支配的社会，是一个用数目管理的社会。我们很少听到“质”，很少听到如何达到精神品质的高贵。

这种状况可能对一些人不利，尤其对年轻人不利。任何时代和社会也总还是会有少数追求精神卓越者在黑暗中默默而行，但他们可能会寂寞、孤独，乃至开始怀疑起自己的追求而最后放弃。尤其是年轻人，即便有过这样的追求和渴望，也可能因为听不到鼓励的声音而对自己的追求产生动摇，而他们又处在这样一种追求最有可能产生成果的起点处，他们富有才华和精力，他们的生命本来可以有另外一种展开，然而，他们放弃了，还是走众人所走的宽路，而没有走很少人会走的窄路。当然，他们走这一条窄路也可能不会成功，甚至更难成功，但有这种潜能而不试试是让人悲哀的。我们不一定能够完全作为创造者，尤其不容易作为伟大的创造者来追求精神的卓越，有那种伟大的天才的人毕竟是很少的，但我们还可以作为欣赏者、赞赏者来追求和渴望人类的卓越。

当然，除了社会的氛围，也还有政治的压抑。即便努力追求卓越，可能还是无功而返。诗人穆旦在他作于 1976 年的一首题为《冥想》的诗中写道：

把生命的突泉捧在我手里，
我只觉得它来得新鲜，
是浓烈的酒，清新的泡沫
注入我的奔波、劳作、冒险。
仿佛前人从未经临的园地
就要展现在我的面前。
但如今，突然面对着坟墓，
我冷眼向过去稍稍回顾，
只见它曲折灌溉的悲喜
都消失在一片亘古的荒漠。
这才知道我的全部努力
不过完成了普通的生活。

是的，可以说是这样，穆旦在1976年的时候，既无名又无权，也没有什么钱财，对当时的社会几乎没有任何影响力，他写的东西只能搁在抽屉里，他外表的生活一如常人。但是，在1976年的时候，在几乎所有人都只能说一些套语，甚至连思想也只能在一条狭窄的渠道里运行且不自知的时候，他却能够写出这样若干年后让人们发现和感动的诗句，我们可以说，他还是活出了自己的卓越。他能这样存活已经很不简单，就像法国大革命后期的恐怖统治结束之后，有人问写了《第三等级是什么》的西耶士："你这几年做了什么？"他答道："我活过来了。"

这是时势对有才华者的限制。而哪怕是一个普通人，哪怕所处的环境不如人意，也可以努力追求自己的卓越。就像袁枚的诗《苔》所写："白日不到处，青春恰自来。苔花如米小，也学牡丹开。"青春本身就是一件很美的事情。在阳光照不到的地方，也生长着青苔，而且，时令到来，青春照样自己涌动，照样努力地开出自己生命的花朵。虽然青苔开出来的花只有米粒一样大，但它也依然可以勇敢地像牡丹那样开放。

5. 幸福

和追求卓越不同，幸福一定还和人的主观感受有关，最后被公认一生取得卓越成就的人可能并不觉得幸福，幸福的人感到的是快乐或至少是安心。这样，幸福就与快乐有紧密联系，但它不止是快乐，它比快乐更客观和全面。

也就是说，幸福是一个人生目的的综合性的概念。几乎可以说，人生的目的就是追求幸福。但是，对这“幸福”可以容有多种多样的理解。一些哲学家如柏拉图认为沉思理念是最大的幸福，亚里士多德也认为哲学的思考是最大的幸福，信仰者将人生最大的幸福与对一种超越存在的信仰联系起来，中国古代的儒家则认为在道德上的完善是最大的幸福。

但它的标准又不都是那么高的。尤其在现代社会，许多人也可能将前面我们所说的获得财富、权力、名望或者取得卓越的成就视作最大的幸福。不少人则可能将一生安适、生活丰裕且可以享受天伦和友谊之乐视作自己最大的幸福。还有一些人可能认为幸福就在人生的过程中，尽量地“人所经历的我都经历”，有丰富的各种人生体验。有些人甚至认为幸福不是那么宏大的目标，有不断的、小的、确定的幸福就可以了，即所谓“小确幸”。

传统的社会虽然一般也不会在全社会的各个阶层都强力推行某种幸福观或者生活方式，但是会比较强调引导或“教化”，也就是说有一种比较主流、具有支配性或示范性的价值观。这种价值观也就是统治阶层的价值观。但是，在现代社会，自由和平等的呼声大倡，每个人都应该是自己价值选择的自由和平等的主体观念深入人心，人们普遍认为，每个人都可以追求自己所理解的幸福，而不是追求别人理解的，哪怕这些人是出于善意，认为是对他们更好的幸福。这样，本来就存在的幸福观念的歧异不仅更加多元化，而且正当化了。如果试图用权力来强行“改善”人们的价值观念，那就是对人们基本权利的侵犯。

但我们还是可以辨识出人类“幸福”的一些共同要素，这是一些最基本、最底线的需求：人身的安全、基本生存的物质条件等。这些基本的需求或者说“基本的善”是所有人都需要的，故而应当得到社会的保障。换言之，必须首先依靠社会的力量去消除那些几乎肯定会造成人们不幸的因素。至于更高的需求，对自己最大的幸福的理解，则可以在这个基础上努力去追求。

一个社会即便消除了那些造成人们不幸的基本因素，一个人还是可能会不觉得幸福，因为幸福还有赖于人们的主观感受和期望值。而这些感受和期望值会因人们个性、禀赋、能力和努力的不同而千差万别。我们常常会觉得幸福是多么变化无穷，甚至觉得虚幻。能够使这个人觉得幸福的事情，却不会使那个人觉得幸福。甚至对同一个人来说也是这样：过去能够使他觉得幸福的事情，现在却不能够了。有时一个人也会想回到过去的幸福时光，但是回不去了。

我们怎么判断一个人的幸福呢？或者我们不说判断别人，那不太容易，我们就判断自己，我自己是不是幸福的呢？我们应该在什么时候判断呢？如果我们经常想到和评判自己的幸福，可能反而会不觉得幸福。所以，古希腊人说的那句话可能还是很好的，即一个人只有到最后的时候才能判断其幸福与否。这不仅是因为，我们只有到最后的时候才能判断一个人，即从他的整个一生去判断；另外，也提醒我们，平时不用老去判断自己是不是幸福。

再大的幸福和快乐也经不起这种反复的审视。如果我正在享受青春的快乐，但我马上想到韶华难再，青春易逝；如果我为自己或他人的英俊和美丽而感到愉悦，我马上想到这美丽也会消退；我看到别人成功，觉得自己也还是一生顺遂，但立即想到所有人都会死去……如果老是想这些，那么，一个人是怎么也不会快乐的。所以，虽然说我们可能都追求人生的幸福，但我们不必过多地思考和评价这幸福，甚至对人生的意义也不必始终都要追根究底地探询。我们就是尽量地投入人生，做自己想做的事情，发展起对生活的广泛兴趣。我们不多想自己是不是幸福，幸福反而可能更多地光顾我们。幸福可能更多地取决于我们对发生的事情的观念，而不是取决于事情本身。

如果现在不快乐，那就想它很快就要过去，淡忘不愉快的过去，我还有未来。是的，未来也还是会有不幸，但我不用未来的不幸来折磨现在的自己，而让过去的不幸也轻易触碰不到自己。还有时间本身也会治疗我们遭遇到的不幸，再大的痛苦，其强度也会随着时间的过去慢慢减轻。

我们保持日常的生活习惯、工作习惯，也经常能够更快地让这种痛苦过去。拿起一本书，或者去看一场电影，走出去和朋友交往，但不必和朋友说，或至少不多说自己的痛苦。完成一个任务，计划一个日程，开始一次旅行，总之，不陷入冥想，不沉溺在负面的感情中而无法自拔。痛苦的时候最好不要让自己有太多的闲暇，最好不是自己一个人待着。

而且，从长远来看，从整个一生来看，我们怎么就知道现在对我发生的不幸事件就真的是不幸？“塞翁失马，焉知非福？”我失去了一匹马，我觉得是个损失而不快；但它又回来了，我感到比它未曾丢失过时更大的快乐；但我的儿子又在骑这匹马的时候摔伤了，我非常沮丧；后来战争发生了，其他的同龄人都被征兵，许多人都战死在沙场，我的儿子反而活到了高龄。所以，一件事情对我的祸福性质可能是反复轮转的。

我们也不妨满足于已经得到的，而不是痛苦于自己没有得到的。有一个人，曾经在一个公职上干得很好，却多年没有得到提拔，别人都为他抱不平，他自己却感到欣然，他说，我比那些提升的人更有钱啊，因为他在担任公职之前曾经在投资银行干过。别人说，那也有人既提职了，又比你更有钱啊。他说，那我的老婆孩子好啊。总之，他总是能看到自己顺利的一面，而不是注意那些不如人的一面。要不，你即便成功顺利，还是不会觉得幸福的，因为总是有比你更成功的人、比你更富有的人。而注意并珍惜自己所获的人，却是更幸福的人，因为他在每一份收获上，都增添了自己的快乐。

对人生的幸与不幸，有心理的调适和引导，也有哲学的调适和引导。后者当然是更根本的。这后一种调适在斯多葛派的哲学中不难找到——无论是在贵为皇帝的马可·奥勒留那里，还是在曾为奴隶的埃庇克泰特那里，我们都能发现类似的思想。如果我们看到世界和个人都在自然而然地起伏兴衰，遵循我们能得知一二，但也不是全然清晰的宇宙理性，我只需尽力做好自己的事情，履行自己的职分，按照自然生活，按照理性生活，按照德性生活，那么痛苦也就接触不到我，我甚至可以思考且不畏惧死亡。就像马可·奥勒留所说的：“每一本性当它在循自己的路行进得很好时都是满足于自身的……当它把它的欲望和厌恶限制在那属于自己力量范围之内的事物上时；当它满足于那普遍本性分派给它的一切事物时，我们就说一个理性的本性循自己的路行进得很好……那么，如果这样做，生活就一定会过得幸福。”这也是儒家的一种思想，就像张载在《西铭》中所说的：“存，吾顺事；没，吾宁也。”

当然，进入了这种思考的人所得到的幸福并不是一种狂喜，而毋宁说是一种心情的宁静。但正是“宁静致远”，它可以长久地让我们的心情不陷入种种无益的动荡和折磨之中。它可以让我们平和而坚定地面对这个世界，面对自己的人生。宁静可能是一种最好的心理状态，甚至可以说是一种最自足、最有保障的幸福状态。我们为自己没有做伤天害理的事情感到心安，为自己尽了对亲人、朋友、社会的一份责任而感到心安，于是我们也对自己的一生感到心安。

6. 仅此一生，不仅一生

以上都涉及人的生命的实线，但还有一条虚线，即当一个人的肉体生命结束之后，是否在死后还有什么不朽的东西？我们目前所知道和能够把握的肉体生命属于我们只有一次，但是否还有另外的一生（比如轮回）乃至永生（比如天堂和地狱、灵魂不朽）？而我们的书从谈到永生开始，也想以讨论人们对永生的追求结束。

中国的古人曾经谈到过“三不朽”，即“立德、立功、立言”。如果我们只是向世界索取而不是贡献，即便是一个豪富的人，他一生消费了无数钱财，品尝了无数精品美食，但他依然没有留下什么，那么他走了也就走了。而那些留下了伟大功业和嘉言懿行的人，后世的人们在他走了百年、甚至千年之后，也还是享受着他的福泽。胡适有一篇《不朽》，则谈到了一种普通人也可达到的不朽，这就是子子孙孙的世代延续。

近年随着人工智能、基因工程和纳米技术等高科技的发展，还有人提出人类通过这些技术可望达到一种身体的永生。也有人试图通过保存尸体以在若干年后“复活”而不断延续自己的生命。但以上这些“不朽”还不是真正的不朽，也难说是真正的永生。它还只是长远而不是永远。或者说，将人由一种碳基生物变成一种硅基生物，那大概就将是有别于人的另一个物种了。

人们还可能希望一种真正的永恒和不朽。如果渴望这一点，那么就意味着还要有一种对超越的存在的信仰。没有这样一种超越的信仰，永生是不可能保证的。在信仰者看来，也只有这样一种超越的存在，才能给人生提供一种充分和永恒的意义。

斯多葛派可以说已经相当地接近于对一种超越存在的信仰了。但它还只是到了门槛上，而没有进入这样一种信仰。所以，我们还可以观察一下历史上的一神论宗教信仰。

人类各个文明的早期，甚至比这更早得多，在前文明的人类演化阶段，普遍地存在着一些原始的宗教信仰，从各种万物有灵论、自然神论、巫术到古希腊人的诸神世界，它们的特点都还是：一是多神论的，二是人与神之间并没有绝对的距离，或者说不那么超越，人对诸种神灵不仅有畏惧、崇拜，还有各种祭祀和乞求，希望直接从神灵得到好处或预兆，或者希望神灵不加害于他们。这种多神论的信仰即便在一神论的宗教兴起之后，甚至在近代理性启蒙之后，虽然不再像古代那样盛行，但还是相当广泛地存在于社会。

犹太教大概是最早的、富有影响力的、超越的一神论宗教，甚至在某种意义上可以说是后来几大宗教的源头。它描述了上帝的创世、上帝与人的关系、信仰上帝的教派的历史，也带来了一个追求信仰的民族的历史。它有非常丰富的文献，为后来的宗教提供了最早的、也是足够能向不同方向发展的精神和思想资源。《旧约》等犹太教的经典是最早的原创，它为后来的宗教提供了诸多灵感的源泉。

基督教和伊斯兰教皆从此一源头而来，当然，它们后来的发展却比犹太教远为壮大，拥有它们的精神创造和独特性。首先是基督教，耶稣是一个奇迹，耶稣的话扭转了整个古代世界的心态。它使人们的眼光不再紧盯着生前，而是更注意死后，这样，尘世的无论什么卓越成就就都不那么重要了。它使人们更关心弱者，因为在一个至高的上帝面前，所有人精神上都是平等的，而弱者反而因为更容易摆脱世俗“权、钱、名”的枷锁而进入天堂。

基督教由此强调圣父、圣子、圣灵的“三位一体”，强调上帝显身为耶稣，这样就另外开创出一个新宗教。《新约》与《旧约》合在一起成为基督教的圣经。而“三位一体”是基督教的基石，否定它，也就很可能否定了基督教。伊斯兰教也采用了《旧约》的精神资源，但强调安拉是最高的神，穆罕默德是他的唯一使者。

犹太教是相对封闭的，甚至主要是防御性的，它很能坚持，依靠一套宗教和道德的律法，有着很强的凝固力，但不太向外扩张甚至传教。而基督教和伊斯兰教则具有很大的扩展性。所以犹太教虽然最早出现，也一直顽强地延续，成为一个后面两千年没有自己的国土、流浪的民族的奇妙的精神联系。基督教经历了早期在下层的发展，开始是纯粹精神信仰的力量，后来却吸引了最有权力和文化影响的人，形成了一套教义和制度，变成了西方世界一种支配性的社会力量和政治力量。而伊斯兰教则迅速崛起，它不仅有内在的精神力量和自己外在的政治力量，还有专属的军事力量，于是在较短的时间里就大大地扩展了。

不过，我们在这里主要观察宗教信仰对于个人人生的影响，而且，主要是想以基督教为例，尤其是其前后吸引过众多人文知识分子中的两个人：奥古斯丁与帕斯卡尔。

信仰者不再满足于斯多葛派所达到的安宁，他们对这“安宁”感到不安，就像奥古斯丁所问：“什么是真正的恬静？”奥古斯丁生活在古罗马帝国的晚期，他一次次抗拒基督教的影响，曾与同伴偷窃别人果园里的水果，也曾和一个女性长期未婚同居，并受其他哲学和宗教的吸引，但后来还是皈依了基督教，写下了自己的《忏悔录》，其中主要是从自己的生命经历来谈他自己信仰的过程。

奥古斯丁受过很好的人文和博雅教育，先后在迦太基和米兰教授雄辩术，颇有名气。他也有很诚挚的友谊和很高品位的审美。但他感觉无论在优美的树林中，在娱乐歌舞中，在清香四溢的田野中，在丰盛的筵宴中，还是在书籍诗文中，都得不到宁静。他渴望一种“至高、至美、至能、无所不能，至仁、至义、至隐、无往而不在，至美、至坚、至定但又无从执持，不变而变化一切，无新无故而更新一切”的存在。而这在人间是没有的。“一个人，不论哪一个人，只要是人，能是什么？”他一度感到他的心被极大的痛苦所笼罩，成为一片黑暗，眼中只看见死亡！他呼告上帝说：“我们的心如不安息在你怀中，便不会安宁。”

他回忆自己的幼年，探究自己的来源，说：是否我曾生活在某一地方，曾是某一人，但没有一人能答复我，我的父母、别人的经验、我的记忆，都不能作答。“谁能是自身的创造者？”那么，除了上帝创造我们之外，“哪里能有存在和生命的泉源流注到我们身上？”他童年不喜欢读书，耽于嬉游，喜欢看戏，撒谎欺骗伴读的家人，欺骗教师与父母，还从父母的伙食中、从餐桌上偷东西吃。后来他开始攻读文章与雄辩术，也是要满足自己所向望的前程。他一次次犯错，一次次痛苦。虽然时间一天又一天地来来去去，不断把新的希望、新的回忆注入他的心中，恢复他旧时的寻欢作乐，迫使痛苦撤退；但替代的即便不是新的痛苦，也是造成新痛苦的因素。他反复问自己："我是谁？我是怎样一个人？什么坏事我没有做过？即使不做，至少说过；即使不说，至少想过。"他感到："人生的其他一切，越不值得我们痛哭的，人们越为此而痛哭；而越应该使我们痛哭的，却越没有人痛哭。""人们都欢喜探听别人的生活，却不想改善自己的生活。"

奥古斯丁走向信仰的道路是探索自己的道路。他说："我正在探案，在我身内探索：我自身成为我辛勤耕耘的田地。现在我们不是在探索寥廓的天空，计算星辰的运行，研究大地的平衡；是在探索我自己，探索具有记忆的我、我的心灵。"他甚至也有过类似于笛卡尔"我思故我在"的思想，他说："我的心灵，就是我自己。"但这"我思"不是怀疑一切，包括清除自己的记忆，而恰恰是试图从记忆中找回自己。他从记忆中感到他一定丢失了什么，但开始不知道丢失的究竟是什么。他问："我究竟是什么？我的本性究竟是怎样的？真是一个变化多端、形形色色、浩无涯际的生命！"但即使内心已经不受情感的冲动，记忆却牢记着，因为内心的一切都留在记忆之中——我可以在其中驰骋飞翔，无论怎样深入，总无止境。

他也像所有人一样寻求幸福，寻求生命的真正意义，他说不论拉丁人、希腊人还是说其他语言的人都向往幸福本身。对于数字，我们仅有概念，并不追求，而幸福的概念使我们爱幸福，使我们希望获得幸福，享受幸福。如果问任何人是否愿意幸福，每一人都会毫不犹豫地回答说："愿意。"人人都寻求"真正的美善、可靠的甘饴"。但这幸福和意义是在灵魂之中，而不是在身体之中，因为人的肉体是靠灵魂生活，人的肉体一定有死而灵魂却有望不朽。幸福生活不是物质，不是肉眼所能看见的。幸福生活也绝不能凭肉体的感觉从别人身上体验而得。人追求幸福的一种方式是享受了幸福生活而幸福，一种是拥有幸福的希望而幸福。但人们抱有这个希望之前，先从哪里知道的呢？这意识是否在记忆中？假如这名词所代表的事物本身不存在他们的记忆之中，便不可能有这种情况。如果在记忆中，那么过去我们曾经享受过这幸福。是否人人如此，或仅仅是首先犯罪的那一个人，"我们都已经在他身上死去"？

奥古斯丁说他在寻求上帝时，就是在寻求幸福的生命、真正的生命。因为他想使他的灵魂苏醒，而灵魂是必须靠上帝活着。幸福的生活就是在上帝左右，上帝既不是物质的影像，也不是生人的情感，如忧、乐、愿望、恐惧、回忆、遗忘或类似的东西，又不是我的心灵，而是我心灵的主宰。人的一生是连续不断的考验，对于生活谁也不能有恃无恐，一人能改恶从善，也能变好为坏。唯一的希望，唯一的依赖，唯一可靠的保证是上帝的慈爱。

帕斯卡尔则是生活在近代的早期，他曾经在科学、文学甚至哲学方面都取得了卓越的成就，但他一次次加深自己的信仰，最后完全脱离了世俗生活，进入了修道院直到三十九岁时去世。死后人们发现了他写下的许多思想断片，集为《思想录》一书。在这书中，他主要是对具有理性启蒙精神的人们说话。他已经敏感地预见到未来将有对信仰的大挑战。

帕斯卡尔也认为，人人都寻求幸福，这一点是没有例外的。无论他们所采用的手段是怎样的不同，但他们全都趋向这个目标。但是，幸福在哪里呢？他不同意哲学家所谈的返求自己以在其中找到自己的美好，也不同意斯多葛派所说的返求自己的心灵，以找到自己内心的宁静。他认为这错估了人性，至少是错估了大多数人的人性。因为人们注定是要忙碌和消遣的，他们不会追求宁静，而且恰恰会把这宁静视作苦恼和无聊。

人们在自己面前树立一个个人生的目标，追求财富、荣誉、前程，而且还常常把自己亲友的财富、荣誉与前程也包括在内，他们把业务、学习语言和锻炼都压在自己身上，只要这些目标没有完美地达到，就会苦恼和忙碌不堪。比起追求内心宁静，更多的人会想从自身之外的目标中去寻求幸福。像贵族和国王们打猎，并不是为了获得猎物，而是为了消遣，为了占满自己的时间，如果像兔子那样的猎物自己送上门来，他们反倒是不愿要的。哲学家却相信世人花一整天工夫去追逐一只自己根本不想购买的兔子是没有道理的，这就是不认识人们的天性了。这只兔子并不能保证人们避免面对人的死亡与悲惨处境，然而打猎转移了人们的视线，让他们分心，或者不如说是让他们的心灵被活动占满。

这些活动的确能够使人们一时快乐，可是当人们得到这种快乐时，他们也并不会因此就幸福，因为他们还会有适应这种新状态的其他愿望。他们躲避什么事都比不上躲避安宁，他们需要不断地追求刺激，但刺激终归只是一时的刺激。一个人无论是怎样充满忧伤，只要使他钻进某种消遣里去，那么他此时此刻就是幸福的；而一个人无论是怎样幸福，假如他没有新的热情或娱乐使自己开心或沉醉，他马上又会忧伤和不幸。

帕斯卡尔指出在人们那里存在的矛盾，说他们有一种秘密的本能在驱使他们去追求消遣和身外的活动，那是出自尤怨自己无穷无尽的悲惨；同时他们又有另一种基于伟大的原始天性的秘密本能，使他们认识到幸福实际上只在于安宁，而不在于闹哄哄。但这种矛盾隐蔽在他们灵魂的深处而不为所见，却又驱使着他们力求通过刺激去得到安宁，并且永远使他们在想象着根本不会有的那种心满意足的终极来到。人类的处境是悲惨的，他既有着对幸福的观念，而又不能达到幸福；既感到真理的影子，而又只掌握了谎言；既不能绝对无知，而又不可能确实知道。人要思考幸福和追求幸福，就足以说明他们现在是不幸的了。

帕斯卡尔认为人的真正的幸福与灵魂的不朽联系在一起。灵魂不朽是一件对我们极其重大的事情，它所触及我们的又是如此之深远；因此若是对于了解它究竟是怎么回事竟然漠不关心，那必定是冥顽不灵了。我们全部的行为和思想都应随“究竟有没有永恒的福祉可希望”这件事为转移，都应根据我们的最终目标来调节我们的步伐。正如那些对永生有着完全保证的人不会再有不幸一样，那些对永生没有任何知识的人也就绝不会有幸福可言。他说唯有上帝才是人类真正的美好；自然界中没有任何东西能够取代上帝的地位：星辰、天空、大地等，都不可能。而自从人类丧失了真正的美好以来，一切对他们来说都可能显得是同等的美好，这看来就像是对现代社会价值平等多元的一种预见。

在帕斯卡尔看来，人类是在徒劳无益地力求以自己周围的一切事物来填充空虚，要从并不存在的事物之中寻求他所不能得之于现存事物的那种支持。然而这一切都是做不到的，因为无限的深渊只能被一种无限的、不变的对象所填充，也就是说只能被上帝本身所填充。幸福既不在我们的身外，也不在我们的身内；它在上帝之中，既在我们身外，又在我们身内。为此，他甚至采用了打赌的论证，即不妨对上帝的存在打赌：我们赌赢了，上帝的确存在，我们就赢得了一切；假如输了，上帝不存在，我们也一无所失。如果有一种这样涉及无限幸福的无限生命可以打赌的话，那么我们不去赌就是头脑不清了。

奥古斯丁似乎更多的是回首，他回忆自己的历史，探寻自己的来源，赞美上帝的创造；而帕斯卡尔则是前瞻，他展望人类的未来，探寻人类的出路。但他们同样渴望无限和永恒，当然，那只可能是灵魂的不朽和精神的永恒。人们往往只是在自己的身内和身外寻找幸福，他们则还提供了另一种视角：仰望上苍，注目永生。

古希腊的贤人曾经说："只有到人生最后的时刻，才能判断一个人是不是幸福。"而帕斯卡尔引奥维德的话说："没有人在死前是幸福的。"罗马人已经认识到，永恒而真正的福祉是从死亡开始的。死亡关闭了一扇门，又打开了一扇门，肉体生命的终结或将开启精神的永生。

以上列举了几种主要的人生目标，它们有些是人们在实际生活中追求的，有些还得到了哲学家或信仰者的理论概括和推荐。人们自己会在这些目标中选择一项或者多项，此外也还有其他的人生目标可供选择。

另外，也还可以有另外一种对人生的考虑或者说"不选择"，就是不考虑确立人生宏大、长远的目标，甚至认为人生的目的其实是不重要的，生活就是一切，过程就是一切，人生的意义也就存在于这过程之中。而且，我还可以尽量做到“人所经历的我都经历”，“人所具有的我也具有”，充分地展开自己生活的各个面向，这样度过自己的一生，可以说也会是一种丰富的、甚至最后自己比较满意，客观看来也比较完善的一生。我不用固定的目标限定自己，或者说我根据性情、时宜乃至年龄有各个阶段的不同具体目标。有些人可能是有意识地这样做，还有些人就是根据天性这样做。事实上有许多人就是这样度过自己的一生的。这并不意味着这个人就没有“良好生活”的观念，但他的“良好生活”的观念并不“定于一”，甚至并不明确。

作为这样一个人的我还是会有许多具体的计划和目标。完全缺乏主体性的随波逐流、人云亦云肯定也没有什么意思，不能体现出人之为人的能够有自己的善观念的意义。最后我可能达到了某种完善，但我也并不是以“完善”为目标的，我重视的是生活本身，“生活之树长青，而理论是灰色的”。就像英国一位哲学家奥克肖特所说的，政治社会的航船不一定要有固定的目的地，而是尽量保证航行的平稳就可以了。个人生命的航船也可以是如此，我优先考虑的是这航船平稳。我不求一个很高的目标，而是尽量平衡自己各方面的欲望和追求，努力地寻求一种中道的生活方式，但也不妨在某个时期集中精力做一件事。而最后不论我成功与否，我也同我的命运达成一种和解。社会不求完美，个人也慎求完美。或者说，个人的完美是在整个人类中达到的，个人各有所志，或许各尽其力、各展其长，总观起来，也就达到了一种相对的完美。

的确，这样一种观点也不排斥人的欲望和追求，甚至认为幸福就在于人生不懈的追求。像佛教还告诉我们：放弃一切欲望和追求，你才能得到真正的幸福。而许多哲学家，包括我们的经验观察又告诉我们说，人的本性是不可能放弃欲望和追求的。这样人就可能陷入悲剧性的冲突。也许，梁漱溟所说的在禁欲和纵欲之间的节欲是比较妥当、适合我们大多数人的一种生活方式。

首先是生活，是投入行动，但这并不一定要排除时常的思考和反省，就像古印第安人所言，我们有时可能走得太快，太急促了。我们的人生步伐有时不妨放慢一点，甚至暂时将行动停下来等一等我们的灵魂。我们有时要用心来思考和反省一下我们匆忙的生命。特别是在我们的行动是一种盲动、甚至是走错了方向的情况下，这时暂时停止不前，观察一下四周和过往反倒可能意味着一种进步。

而本书对作者，甚至可能对读者也是这样一种尝试：试图在某些特定的时候，让生活慢下来，让心灵安静下来，浏览一下有助于我们思考和反省人生的原料乃至契机。

后记

这本书是尝试给少年一代写的，完成于 2018 年的初春。

但写完之后，我担心它可能就哲学的思想和理论来说是浅了一些，对少年人的阅读兴趣和习惯来说又深了一些，因而搁置了许久。

“后浪”是前不久变得时髦的一个词。但当“前浪”消失在沙滩上，或者更准确地说，回归大海的时候，还是会想到，不论那一层浪能拍起多大的水花，产生什么样的景观，海是一体的，水是同质的。

所以还是拿出来吧。因为它毕竟本意就是想写给我后面的年轻人的，或者笼统地说，是写给“后浪”的。另外，它毕竟也是一种朴素的人生哲学，而不是一种艰深的形而上学。我在写作时心中所悬的，并想与之对话的阅读对象并不是哲学学者。

但我知道，这本书肯定会带着我所生活过的时代的印记，还有我个人生活的痕迹。虽然我在写作时也试图客观地介绍一些知识，并对不同的处境予以观照和反省，但其中不可避免的还是会有许多我过往经历和现在立场的限制，于是也就会有落伍、偏见或者隔膜。但拿出来也可以说是一种验证，或许还可以构成一种基于共性的交流和互鉴，就如修昔底德所言："人性，就是人性。"

我目前的生活状态和所形成的思想观念，的确是在我的少年时代想象不到的。

我经历过饥馑却依然活着，参加过"革命"却只是作为一个小小的旁观者，投身于军队却并没有亲历战争。然后，就是改革开放以后这些年静悄悄的巨变了，这巨变主要是发生在科技、经济和社会生活的领域。已经过去的数十年没有惊涛骇浪。我们这一代基本是平安的，甚至我个人是幸运的。

然而，我日益有一种担心，且在最近这个特别的新冠疾疫期间变得日益强烈，那就是对未来的担心。

无法想太远，预感未来的数十年，将是变幻莫测的数十年，可能还是艰难和充满挑战的数十年。

经此一疫，这一莫测的时代提前到来了。我这一代或还将见到前所未见之事，而年轻人则更将经历和承受前所未见之事。

世界不会再那么平静。心灵也不会那么平静了。

世界将不会回到过去了。我不禁为这一即将到来的事变感到一些战栗。

但生活和立身的一些基本准则可能还是大致类似，我们也许还可以希望有另一种“未见之事”，就如我刚读到的一句话：

“信就是所望之事的实底，是未见之事的确据。”

何怀宏

2020 年 6 月 9 日于北京